工业和信息化人才培养规划教材
Industry And Information Technology Training Planning Materials

职业教育系列

网站建设与管理

Website Construction and
Management

孙伟 焦述艳 ◎ 主编
李虹 王勇 ◎ 副主编

人民邮电出版社
北京

图书在版编目（CIP）数据

网站建设与管理 / 孙伟，焦述艳主编. -- 北京：
人民邮电出版社，2014.11（2019.8 重印）
工业和信息化人才培养规划教材. 职业教育系列
ISBN 978-7-115-36519-4

Ⅰ. ①网… Ⅱ. ①孙… ②焦… Ⅲ. ①网站－建设－
中等专业学校－教材 Ⅳ. ①TP393.092

中国版本图书馆CIP数据核字（2014）第198839号

内 容 提 要

本书是针对职业院校计算机网络技术及相关专业学生编写的专业核心课程教材，较为全面地介绍了网站建设与管理的相关知识。全书共分为 13 个项目，分别介绍了 ASP 的概念、HTML 基础知识、VBScript 语法基础、ASP 函数、ASP 内置对象 Response 和 Request、ASP 内置对象 Application 和 Session、ASP 内置对象 Cookie 和 Server、处理及使用异常、在 ASP 中访问数据库、使用 Recordset 对象访问数据库、使用 Recordset 对象更新数据库、ASP 中数据库多表操作以及网站的发布与管理等内容。

本教材可作为职业教育网络技术相关课程的教学用书，也可作为同类社会网络管理员认证培训教材和网站建设与开发、网站的日常管理与维护、网络运营专员等岗位从业人员的自学参考用书。

◆ 主 编 孙 伟 焦述艳
  副主编 李 虹 王 勇
  责任编辑 桑 珊
  责任印制 杨林杰

◆ 人民邮电出版社出版发行 北京市丰台区成寿寺路 11 号
  邮编 100164 电子邮件 315@ptpress.com.cn
  网址 http://www.ptpress.com.cn
  北京捷迅佳彩印刷有限公司印刷

◆ 开本：787×1092 1/16
  印张：14.5
  字数：380 千字

  2014 年 11 月第 1 版
  2019 年 8 月北京第 4 次印刷

定价：35.00 元

读者服务热线：(010)81055256 印装质量热线：(010)81055316
反盗版热线：(010)81055315

前　言　PREFACE

　　ASP（Active Server Pages），是一个Web服务器端的开发环境，利用它可以产生和执行动态的、互动的、高性能的Web服务应用程序。ASP采用脚本语言VBScript（JavaScript）作为自己的开发语言。目前，ASP技术已风靡全球，个人网站、企业网站等各种基于B/S结构的管理系统都可以看到ASP的身影。ASP技术以其通俗易懂的编程方式，受到广大读者的青睐，读者通过短期的基础知识及实例培训即可开发出自己的Web网站。

　　本书是针对中等职业学校计算机网络技术以及相关专业学生编写的专业核心课程教材。书中介绍的基于ASP技术，主要培养学生综合运用网络编程、网站设计以及计算机知识技能的能力，通过学习，可以使学生掌握网站的基本组成和工作原理，理解动态网页的制作流程。

　　为帮助职业院校学生更好更快地掌握建站技术，我们几个一线教师与企业工程师编写了本书。全书贯彻"项目引导"、"任务驱动"的教学思想，针对日常工作中计算机网络管理工作岗位中应具备的岗位技能，组织相应的知识和实训。本书按照工作的过程分解任务，按照"任务驱动"的课程思想组织实施，课程内容规划中注重学生自主学习、合作学习，强调理论实践一体化，把企业对于人才职业素养的要求融入课程教学组织实施中进行介绍。

　　本书打破以往传统课程"先学习理论，学习完成后做实验"的技能训练模式，将需要掌握的知识和技能有机嵌入全书近30个技能训练课题任务之中，将"用户需求－需求分析－方案设计－项目实施－项目测试"几个环节，贯穿每一个项目始终，围绕作为网络管理员需要了解的知识，搭建项目工作场景，让学生始终在做中学，学中做，教学做合一，理论与实践合一；避免理论与实践脱节，增强学生的学习兴趣。

　　本书是嘉兴技师学院国家示范校精品课程建设的成果，由嘉兴技师学院和计算机网络设备厂商北京星网锐捷网络技术有限公司合作编写。这是一本一线的工程师队伍和学校的一线教师队伍联合开发的教材。

　　由于编者水平有限，书中难免存在错误和不足，敬请读者批评指正。

编　者

2014年6月

目 录 CONTENTS

项目一 了解 ASP 的概念　1

1.1 任务一　我的第一个 ASP 程序　2
一、任务描述　2
二、任务分析　2
三、知识准备　2
 1.1.1 了解什么是 Web 编程　2
 1.1.2 ASP 的基本概念　5
 1.1.3 在 Windows 7 环境下配置 IIS　6
 1.1.4 使用 Dreamweaver 创建站点　9
四、任务实施　11
1.2 任务二　完成九宫图填写　12
一、任务描述　12
二、任务分析　12
三、知识准备　13
 1.2.1 在 HTML 页面添加 VBScript 代码　13
 1.2.2 在 HTML 中嵌入 JavaScript 脚本　14
四、任务实施　15

项目二 懂一点 HTML 基础知识　17

2.1 任务一　制作网页《怪笑小说》　18
一、任务描述　18
二、任务分析　19
三、知识准备　19
 2.1.1 认识 HTML 标记　19
 2.1.2 文字与段落标记的认识　20
四、任务实施　25
2.2 任务二　百度首页的制作　27
一、任务描述　27
二、任务分析　27
三、知识准备　28
 2.2.1 图像标记 \<img>　28
 2.2.2 超链接标记 \<a>　29
四、任务实施　32
2.3 任务三　制作当当网图书推荐　34
一、任务描述　34
二、任务分析　34
三、知识准备　34
 2.3.1 表格标记\<table>　34
 2.3.2 列表标记　39
四、任务实施　41
2.4 任务四　制作"登录雅虎中国"页面　43
一、任务描述　43
二、任务分析　43
三、知识准备　43
 2.4.1 HTML 表单　43
 2.4.2 表单数据的传递过程　47
四、任务实施　48

项目三 了解 VBScript 语法基础　50

3.1 任务一　计算圆的周长和面积　51
一、任务描述　51
二、任务分析　51
三、知识准备　51
 3.1.1 VBScript 基本概念　51
 3.1.2 VBScript 的数据类型　52
 3.1.3 VBScript 常量　52
 3.1.4 VBScript 变量　53
 3.1.5 VBScript 运算符和表达式　55
四、任务实施　57
3.2 任务二　显示提交个人资料　58
一、任务描述　58
二、任务分析　59
三、知识准备　59
四、任务实施　60
3.3 任务三　制作网络问候语　62
一、任务描述　62
二、任务分析　62
三、知识准备　62
 3.3.1 VBScript 程序流程控制　62
 3.3.2 选择结构语句　63
四、任务实施　65
3.4 任务四　九九乘法表制作　66
一、任务描述　66
二、任务分析　66
三、知识准备　67
四、任务实施　69

项目四 应用 ASP 函数 71

4.1 任务一 验证手机号码 72	二、任务分析 80
一、任务描述 72	三、知识准备 81
二、任务分析 72	四、任务实施 86
三、知识准备 72	4.3 任务三 日期的汉化与个性化
4.1.1 VBScript 过程和函数 72	的问候 87
4.1.2 函数在 ASP 中如何调用 75	一、任务描述 87
4.1.3 变量的作用域 77	二、任务分析 88
四、任务实施 78	三、知识准备 88
4.2 任务二 邮箱登录页面制作 80	四、任务实施 90
一、任务描述 80	

项目五 使用 ASP 内置对象 Response 和 Request 92

5.1 任务一 网站登录功能 93	四、任务实施 99
一、任务描述 93	5.3 任务三 循环输出一个
二、任务分析 93	HTML 表格 100
三、知识准备 94	一、任务描述 100
5.1.1 ASP 内置对象 Request 94	二、任务分析 100
5.1.2 使用 Request.Form	三、知识准备 100
获取表单信息 94	5.3.1 Response 对象属性与方法 100
5.1.3 使用 Request.QueryString	5.3.2 Response 对象常用方法 101
获取 URL 中的字符串 95	四、任务实施 102
四、任务实施 96	5.4 任务四 使用 Response 管理
5.2 任务二 获取环境变量信息 97	缓冲区 103
一、任务描述 97	一、任务描述 103
二、任务分析 98	二、任务分析 104
三、知识准备 98	三、知识准备 104
	四、任务实施 106

项目六 使用 ASP 内置对象 Application 和 Session 109

6.1 任务一 实现网站计数器 110	6.2.1 Session 对象 116
一、任务描述 110	6.2.2 Session 属性 116
二、任务分析 110	6.2.3 Session 方法 116
三、知识准备 110	6.2.4 Session 事件 117
6.1.1 Application 对象 110	6.2.5 Session 对象应用 117
6.1.2 Application 对象数据集合 110	四、任务实施 119
6.1.3 Application 对象方法 111	6.3 任务三 获取网站当前在线人数 120
6.1.4 Application 对象的事件 113	一、任务描述 120
四、任务实施 114	二、任务分析 121
6.2 任务二 网页身份验证 115	三、知识准备 121
一、任务描述 115	6.3.1 ASP 的 Global.asa 文件 121
二、任务分析 116	6.3.2 Global.asa 文件调用 121
三、知识准备 116	四、任务实施 122

项目七　使用 ASP 内置对象 Cookie 和 Server　125

7.1　任务一　网站登录功能完善　126	7.2　任务二　站点点击量优化　132
一、任务描述　126	一、任务描述　132
二、任务分析　126	二、任务分析　132
三、知识准备　126	三、知识准备　132
7.1.1　Cookies 对象　126	7.2.1　Server 服务器信息对象　132
7.1.2　Cookies 对象应用场合　127	7.2.2　Server 对象方法　133
7.1.3　Cookies 对象调用　128	四、任务实施　135
四、任务实施　130	

项目八　处理及使用异常　136

8.1　任务一　使用 stop 语句调试　137	8.2.1　ASP 中的 ERROR 对象　144
一、任务描述　137	8.2.2　Error 对象的详细信息　144
二、任务分析　137	四、任务实施　145
三、知识准备　137	8.3　任务三　截获系统错误并
8.1.1　程序错误分类　137	给出提示　146
8.1.2　常见程序调试方法　138	一、任务描述　146
四、任务实施　141	二、任务分析　147
8.2　任务二　应用 ERROR 对象调试　143	三、知识准备　147
一、任务描述　143	8.3.1　截获系统错误给出提示作用　147
二、任务分析　143	8.3.2　截获系统错误给出提示步骤　147
三、知识准备　144	四、任务实施　147

项目九　在 ASP 中访问数据库　150

9.1　任务一　利用 ODBC 连接	二、任务分析　169
Access 数据库　151	三、知识准备　169
一、任务描述　151	9.3.1　Connection 对象简述　169
二、任务分析　151	9.3.2　Connection 对象常用属性介绍　169
三、知识准备　151	四、任务实施　171
9.1.1　访问数据库的方法　151	9.4　任务四　利用 Connection 连接 SQL
9.1.2　在 Dreamweaver 中新建站点　152	数据库　173
四、任务实施　154	一、任务描述　173
9.2　任务二　利用 ODBC 连接	二、任务分析　173
SQL 数据库　158	三、知识准备　173
一、任务描述　158	9.4.1　连接 SQL Server 数据库要求　173
二、任务分析　158	9.4.2　使用 SA 验证连接 SQL
三、知识准备　158	数据库代码　174
四、任务实施　164	9.4.3　使用 Windows 身份验证连接
9.3　任务三　利用 Connection 连接	SQL 数据库代码　174
Access 数据库　168	四、任务实施　175
一、任务描述　168	

项目十 使用 Recordset 对象访问数据库   178

10.1 任务一 通过 Source 获得 SQL 语句 179	三、知识准备 184
一、任务描述 179	10.2.1 Recordcount 对象属性 184
二、任务分析 179	10.2.2 关于 Recordcount 对象返回-1 值问题 184
三、知识准备 179	四、任务实施 184
10.1.1 了解 Recordset 对象 179	10.3 任务三 BOF 和 EOF 属性的应用 186
10.1.2 Recordset 对象常用属性 180	一、任务描述 186
四、任务实施 181	二、任务分析 186
10.2 任务二 通过 Recordcount 获得记录总数 183	三、知识准备 186
一、任务描述 183	10.3.1 BOF 和 EOF 对象简述 186
二、任务分析 183	10.3.2 BOF 和 EOF 对象返回值含义 187
	四、任务实施 187

项目十一 使用 Recordset 对象更新数据库   191

11.1 任务一 使用 Recordset 对象添加记录 192	三、知识准备 197
一、任务描述 192	11.2.1 Update 方法属性 197
二、任务分析 192	11.2.2 Addnew 与 Update 的区别 197
三、知识准备 192	四、任务实施 198
11.1.1 AddNew 方法基础知识 192	11.3 任务三 使用 Connection 对象修改记录 201
11.1.2 AddNew 方法更新数据过程 193	一、任务描述 201
11.1.3 应用 AddNew 方法注意事项 193	二、任务分析 201
四、任务实施 193	三、知识准备 201
11.2 任务二 使用 Recordset 对象修改记录 196	11.3.1 使用 Command 对象步骤 201
一、任务描述 196	11.3.2 Command 对象的属性 202
二、任务分析 197	11.3.3 Command 对象方法：Execute 202
	四、任务实施 203

项目十二 在 ASP 中使用数据库多表操作   207

12.1 任务一 使用内连接查询记录 208	三、知识准备 214
一、任务描述 208	12.2.1 左外连接 LEFT OUTER JOIN 214
二、任务分析 208	12.2.2 右外连接 RIGHT OUTER JOIN 215
三、知识准备 208	四、任务实施 215
12.1.1 内连接查询基础知识 208	12.3 任务三 使用分页技术 218
12.1.2 内连接查询详细语法 209	一、任务描述 218
12.1.3 使用 UNION 进行联合查询 210	二、任务分析 218
四、任务实施 211	三、知识准备 218
12.2 任务二 使用外连接查询记录 214	12.3.1 ASP 分布技术代码解析 218
一、任务描述 214	12.3.2 建立 Access 数据库 221
二、任务分析 214	四、任务实施 222

项目一 了解 ASP 的概念

项目背景

ASP 全名 Active Server Pages，是一个 Web 服务器端的开发环境，利用它可以产生和执行动态的、互动的、高性能的 Web 服务应用程序。ASP 采用脚本语言 VBScript（Java Script）作为自己的开发语言。

目前，ASP（Active Server Pages）技术已风靡全球，个人建站、企业建站，在各种基于 B/S 结构的管理系统中都可以看到 ASP 的身影。ASP 技术以其通俗易懂的编程方式，受到广大读者的青睐，读者可通过短期的基础知识及实例培训即可开发出自己的 Web 网站。

- 任务一　我的第一个 ASP 程序
- 任务二　完成九宫图填写

技术导读

本项目技术重点：
- 了解什么是 Web 编程，理解 B/S 和 C/S 编程模式的优缺点
- 理解 ASP 的概念
- 能够在 Windows 系统下安装和配置 IIS、正确发布网站
- 能够编写简单的 ASP 应用程序

1.1 任务一 我的第一个 ASP 程序

一、任务描述

使用 ASP 脚本在网页中输出一段英文句子，完成效果如图 1-1-1 所示。

图 1-1-1 简单 ASP 程序

二、任务分析

ASP 是一种在 IIS 服务器下开发的 Web 应用程序，编写简单，代码的兼容性好。但即使是最简单的 ASP 语句，也要符合 ASP 的语法要求，并有相应的运行环境进行支持。

三、知识准备

1.1.1 了解什么是 Web 编程

应用程序有两种模式：C/S、B/S。C/S 是客户端/服务器端程序，也就是说这类程序一般独立运行。而 B/S 就是浏览器端/服务器端应用程序，这类应用程序一般借助 IE 等浏览器来运行。Web 应用程序一般是 B/S 模式。Web 应用程序首先是"应用程序"，是典型的浏览器/服务器架构的产物。

一个 Web 应用程序由完成特定任务的各种 Web 组件（Web Components）构成，并通过 Web 将服务展示给外界。在实际应用中，Web 应用程序是由多个服务器及组件、动态脚本、HTML 文本以及图像文件等组成。

1. C/S 模式

C/S（Client/Server）模式就是客户机服务器模式。如在网吧，每一台上网的电脑都是客户端，而完成这些电脑上网共享请求的电脑就是服务器，如图 1-1-2 所示。

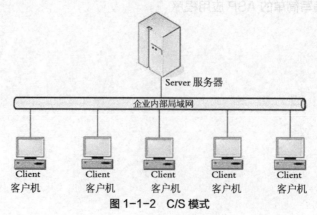

图 1-1-2 C/S 模式

C/S 模式可以充分利用服务端与客户端硬件环境的优势，将任务合理分配到客户端和服务端来实现。凡是提供服务的一方称为服务端（Server），而接受服务的另一方称作客户端（Client），大多数应用软件系统都是采用 C/S 模式。

C/S 模式的优缺点如下。

（1）优势：此模式是开放模式，应用系统不依赖外网环境，即无论企业是否连入因特网，都不影响应用，因为 C/S 模式下的服务端和客户端本身就在一个网络体系内。

（2）不足：由于没能提供用户真正期望的开放环境，C/S 模式的软件需要针对不同的操作系统开发不同版本的软件。加之产品的更新换代迅速，应用 C/S 模式组建的网络，已经很难适应百台以上电脑内的局域网用户同时使用。

2. B/S 模式

B/S（Browser/Server）模式即浏览器和服务器模式。通俗地讲，当上百度网搜索想要了解的信息，就是典型的 B/S 模式的应用，如图 1-1-3 所示。

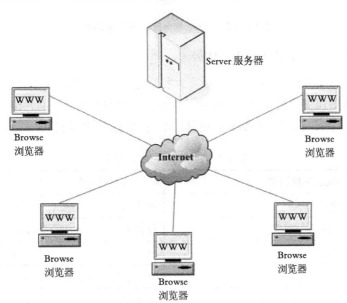

图 1-1-3　B/S 模式

B/S 模式是随着 Internet 的普及，对 C/S 模式的一种改进模式。用户工作界面通过 WWW 浏览器来实现，主要功能在服务器端实现，少部分事务在客户端实现。这样就减轻了客户端电脑的负荷，减少了系统维护与升级的成本和工作量。相对于 C/S 结构属于"胖"客户端，需要在使用者电脑上安装相应的操作软件来说，B/S 结构是属于一种"瘦"客户端，大多数或主要的业务逻辑都存在服务器端，因此，B/S 结构的系统不需要安装客户端软件，它运行在客户端的浏览器之上。

常见的 B/S 模式应用：新浪网（http://www.sina.com.cn）是典型的 B/S 模式的应用，浏览者通过浏览器浏览网站上的信息，并向网络器提出请求，服务器根据浏览者的请求提供相应的信息服务。

由于 B/S 架构管理软件只安装在服务器端上，用户主要功能在服务器端完全通过 WWW

浏览器实现，如此会使所应用服务器运行数据负荷较重，一旦发生服务器"崩溃"等问题，后果不堪设想。因此，服务器端一般要备有数据存储服务器，以防万一。

由于 B/S 模式是一种"胖"服务器、"瘦"客户端的模式，大部分的功能在服务器端完成，如图 1-1-4 所示。出于安全的考虑，所以客户端不同的硬件、软件环境就成为这种模式的制约因素，不过使用 ActiveX 基本可以弥补这样的制约因素。随着 Internet 的飞速发展，Web 编程正在逐渐成为应用程序开发与应用的主要发展方向。

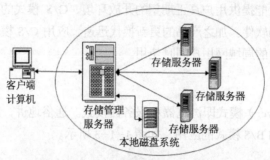

图 1-1-4 "胖"服务器、"瘦"客户端

3．Web 编程的特点、适用范围和优势

互联网的快速发展提供了 Web 编程语言大发展的机会。HTML 是 Web 展示的主要语言。依托 HTML 的 Web 服务器技术和程序所使用的脚本语言有很多。下面介绍几种 Web 语言及其发展史，表 1-1 列出了经常在 Web 应用程序中遇到的文件及其说明。

表 1-1 Web 文件及其说明

Web 编程语言	应用位置	文件扩展名
HTML 语言编写的文件	客户端	.html、.htm
可扩展标记语言（XML）	客户端	.xml
结合了 XML 的 HTML	客户端	.xhtml
JavaScript	客户端和服务器端	.js
动态服务器页（Active Server Pages）	服务器端	.asp
.net 活动服务器页（.net Active Server Pages）	服务器端	.aspx
PHP 服务端页面	服务器端	.php、.php3
Java Server Pages	服务器端	.jsp
通用网关接口（Common Gateway Interface）	服务器端	.cgi 或 cgi-bin
Perl 服务器端页面	服务器端	.pl

4．Web 编程语言或技术发展史

Web 编程语言或技术经过几个大的发展阶段，下面给出各种 Web 语言或技术的出现和发展阶段。

（1）1969 年——C 语言。

（2）1987 年——Perl。

(3) 1989 年——HTML。

(4) 1991 年——Java（仅用于 Sun 公司内部）。

(5) 1993 年——CGI。

(6) 1995 年——PHP、JavaScript、Java 开始为大众所用。

(7) 1996 年——ASP、XML 提出草案，VBScript（Microsoft 产品，基本与 JavaScript 类似）、CSS 发布。

(8) 2000 年——XHTML。

(9) 2005 年——CSS 盛行。

目前，最常使用的 Web 语言有 ASP、PHP、JSP，通常称为 Web 编程的 3P 技术。因为 ASP 是 Microsoft 公司的产品，有强大的技术支持，因此应用更为广泛。

1.1.2　ASP 的基本概念

ASP 是动态服务器页面的外语缩写。是微软公司开发的代替 CGI 脚本程序的一种应用，它可以与数据库和其他程序进行交互，是一种简单、方便的编程工具。使用 ASP 程序开发网站，并不需要很强的编程功底，也不需要专业的英文知识，甚至是没有接触过程序或者是不大懂英文，也可以学习 ASP 程序，并能够编写出专业的动态网站。

网站使用的数据库种类很多，不过，ASP 和 Microsoft Office Access 应用数据库一直是网站制作者的钟爱。ASP 和 Microsoft Office Access 对于开发者和使用者来说，既节省了开发的时间，也能大大节省网站的使用和维护成本，是目前企业网站建站的首选。ASP 的网页文件的格式是 .asp，通常以纯文本形式存在于 Web 服务器上，可以用任何文本编辑器编辑，常用的有 Adobe Dreamweaver、Visual InterDev、EditPlus 和记事本等软件，一个完整的 ASP 文档通常包含 HTML 代码、普通脚本代码和 ASP 脚本代码。

当使用浏览器从 Web 服务器上请求 ASP 页面时，ASP 脚本开始执行；接着 Web 服务器调用 ASP 读取所请求的文件，执行其中所有的脚本命令；然后生成标准的 HTML 页面，并将其返回给浏览器。ASP 的工作模式如图 1-1-5 所示。

图 1-1-5　ASP 的工作模式

1．ASP 默认脚本语言 VBScript

VBScript 是由 Microsoft 公司提供的脚本语言，是 IIS 默认的脚本语言，VBScript 是 Visual Basic Scipt 的简称，即 Visual Basic 描述语言，是微软开发的一种脚本语言，可以看作是 VB 语言的简化版，VBScript 具有原语言容易学习的特性，目前 VBScript 广泛应用于网页和 ASP 程序的制作中。

2．ASP 程序的特点和优势

（1）使用 VBScript、JavaScript 等简单易懂的脚本语言，结合 HTML 代码，可以快速完成网站的应用程序编写。

（2）ASP 无须编译，容易编写，由服务器的软件解释后直接执行。当执行 ASP 程序时，脚本程序将一整套命令发送给脚本解释器（即脚本引擎），由脚本解释器进行翻译，并将其转换成服务器所能执行的命令。

（3）可使用文本编辑器，如 Windows 的记事本，进行编辑设计。

（4）与浏览器无关，用户端只要使用可执行 HTML 代码的浏览器，即可浏览 Active Server Pages 所设计的网页内容。ASP 所使用的脚本语言（VBScript、JavaScript）均在 Web 服务器端执行，用户端的浏览器不需要能够执行这些脚本语言。

（5）ASP 的源程序存储在服务器端，不会被传到客户端浏览器，因而可以避免所写的源程序被他人剽窃或篡改，提高了程序的安全性。

（6）使用 ASP 编写动态网页，可以通过 ActiveX 控件，比如 ADO 很方便地访问数据库，这些内容在后面的章节会有详细的讲解。

1.1.3 在 Windows 7 环境下配置 IIS

1．ASP 和 IIS 的关系

IIS（Internet Information Server，互联网信息服务）是一种 Web（网页）服务组件，其中包括 Web 服务器、FTP 服务器、NNTP 服务器和 SMTP 服务器，分别用于网页浏览、文件传输、新闻服务和邮件发送等方面，它使得在网络（包括互联网和局域网）上发布信息成了一件很容易的事。

2．Windows 7 系统下 IIS 7.0 的安装及配置

（1）打开"打开或关闭 Windows 功能"窗口。

选择"开始"→"控制面板"→"程序"→"程序和功能"，选择左侧的打开或关闭 Windows 功能，如图 1-1-6 所示。

图 1-1-6 程序和功能窗口

（2）对 Internet 信息服务组件进行选择和安装。

如图 1-1-7 所示，对"打开或关闭 Windows 功能"中的"Internet 信息服务"下的选项，进行手动勾选。

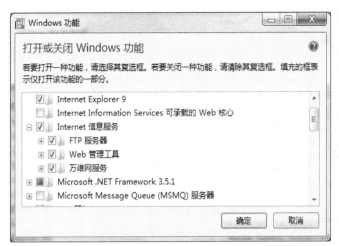

图 1-1-7　打开或关闭 Windows 功能窗口

（3）进入"Internet 信息服务"，进行设置。

① 安装完成后，再次进入控制面板，选择"管理工具"，双击"Internet(IIS)管理器"选项，打开"Internet 信息服务(IIS)管理器"，如图 1-1-8 所示。

图 1-1-8　打开"Internet 信息服务(IIS)管理器"

② 选择 "Default Web Site"选项，并双击 ASP 的选项，如图 1-1-9 所示，在行为选项中，设置"启用父路径"为"True"。注意：在 IIS 7 中 ASP 父路径是没有启用的，如果"启用父路径"没有开启，将会导致 ASP 程序无法访问数据库。

（4）配置 IIS 7 的默认站点。

在"Internet 信息服务(IIS)管理器"中选择左侧 Default Web Site。

① 单击右边的"基本设置"选项，对网站的物理路径进行设置，如图 1-1-10 所示。

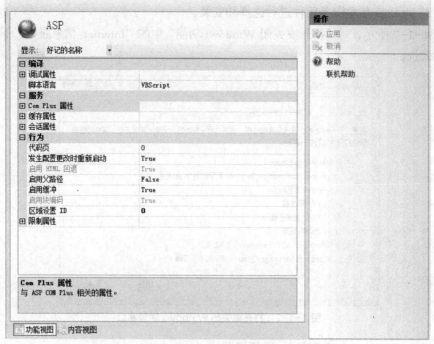

图 1-1-9　选择 "Default Web Site" 选项

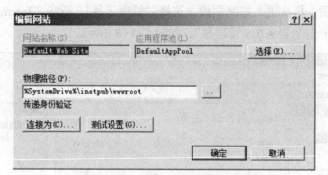

图 1-1-10　网站基本设置对话框

② 单击右边的 "绑定..." 选项，设置网站的 IP 地址与端口号，如图 1-1-11 所示。

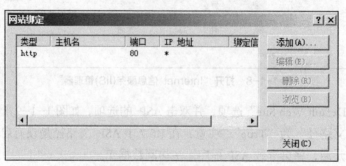

图 1-1-11　站点绑定设置

③ 在 "Default Web Site 主页" 区域里面，双击 "默认文档" 选项，设置网站的首页，如图 1-1-12 所示。

图 1-1-12　网站首页设置

至此，Windows 7 的 IIS 7 设置已经基本完成了，ASP+Access 程序可以调试成功。

1.1.4　使用 Dreamweaver 创建站点

（1）在本地硬盘上，新建一个文件夹或者选择一个已经存在的文件夹作为站点的文件夹，那么这个文件夹就是本地站点的根目录。如果是新建的文件夹，那么这个站点就是空的，否则这个站点就包含已经存在的文件。

（2）启动 Dreamweaver，单击"站点"，选择"新建站点"项，或选择"管理站点"项，在"管理站点"对话框中单击"新建"按钮，打开"站点设置对象"对话框，如图 1-1-13 所示。

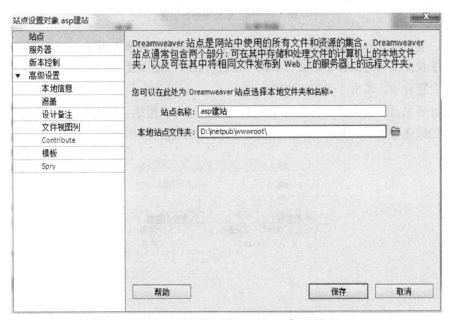

图 1-1-13　打开"站点设置对象"对话框

① 在左边选择"站点"项。

② 站点名称：输入网站名称。网站名称显示在站点面板中的站点下拉列表中。站点名称不在浏览器中显示，因此可以使用喜欢的名称。本例使用站点文件夹名称：asp 建站。

③ 本地站点文件夹：放置该网站文件、模板以及库的本地文件夹。在文本框中输入一个

路径和文件夹名,或者单击右边的文件夹图标选择一个文件夹。如果本地根目录文件夹不存在,那么可以在"选择根文件夹"对话框中创建一个文件夹,然后再选择它。

(3)在左边选择"服务器"项,如图 1-1-14 所示。在"站点设置对象"的"服务器"选择中,单击"+"号,进行服务器的设置。

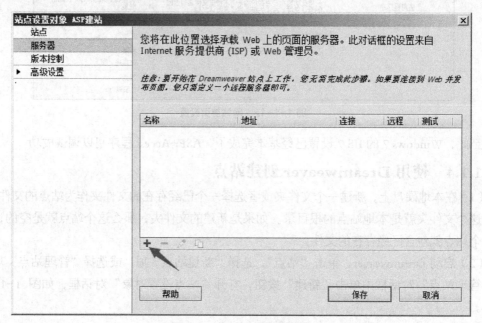

图 1-1-14 站点服务器设置

提示:其他项可以根据需要设置,也可以在以后单击"站点"菜单,选择"管理站点"项,在"管理站点"对话框中单击"编辑"按钮,打开"站点设置对象"对话框进行设置。

(4)设置完毕,单击"保存"按钮。

(5)打开站点面板,可以看到刚刚新建立的站点:asp 建站,如图 1-1-15 所示。

(6)如果还要创建其他的站点,请重复上面的步骤进行操作。

图 1-1-15 新建站点

四、任务实施

● 步骤1　配置IIS服务器

在"Internet 信息服务(IIS)管理器"中选择 Default Web Site 站点，设置站点物理路径 E:/ASP，并绑定网站的 IP 地址为 http://localhost/ 与端口号为 80，双击"默认文档"选项，设置网站的首页，设置过程如上所示。

● 步骤2　创建ASP文件

在 Dreamweaver 中，选择"文件"→"新建"选项，在弹出对话框中选择 ASP VBScript 页面类型，单击创建按钮，新建 ASP 文档，保存文档为 index.asp，默认保存文档位置为站点根目录，如图 1-1-16 所示。

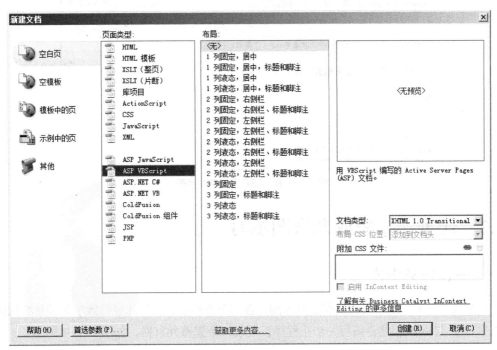

图 1-1-16　新建网页

● 步骤3　编写代码

在新建的 ASP VBScript 页中，切换到代码视图，在网页的 HTML 语言的主体标记 \<body\> 中，编写如下代码。

```
<body>
<% response.write("Hello World" %>
</body>
```

代码解释：这段代码可以在客户浏览器端输出：Hello World。

response.write 是 ASP 的一个输出语句，此语句可以将文字、变量输出到浏览者的浏览器上，通常用于动态信息的输出。

➲ **步骤 4　测试脚本网页**

按 F12 键，测试网页，如图 1-1-17 所示。

图 1-1-17　测试 ASP 页面

如果被测试网页发生错误，页面会有相应的提示信息，如错误的网页，第 10 行等。程序员可以根据错误提示信息来进行代码的修改，错误提示如图 1-1-18 所示。

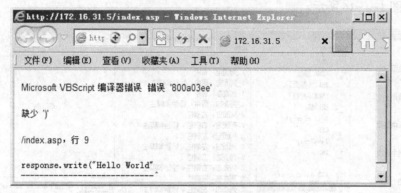

图 1-1-18　ASP 测试错误页面

1.2　任务二　完成九宫图填写

一、任务描述

早在数千年前，中国人就发明了九宫图：在 9 个方格中，横行和竖行数字总和是相同的。使用 HTML 与 ASP 相结合编写一个小程序，展现一个完整九宫格，如图 1-2-1 所示。

```
2 7 6
9 5 1
4 3 8
```

图 1-2-1　九宫格

二、任务分析

九宫格填数字是一款好玩的数独类游戏，游戏者要根据格子中已经有的几个数字填入数字 1~9 中的其他数字，使得整个九宫格的横列、竖列、对角线的数字相加的和相等。

当然，本例不是使用 ASP 来完成这个游戏的制作，而是学习在页面中输出字符串，以及如何在 HTML 页面中加入 ASP 代码，使它们相结合来完成一个 ASP 页面的制作。

 三、知识准备

1.2.1 在 HTML 页面添加 VBScript 代码

ASP 编写的动态网页在很大程度上依赖于脚本语言，最常用的脚本语言就是 VBScript 和 JavaScript，开发中的习惯做法是：客户端采用 JavaScript 脚本，服务器端采用 VBScript 脚本。所以本书将重点介绍如何在 ASP 中使用 VBScript 脚本语言。

一个 ASP 文件包含 HTML 标记、VBScript 脚本语言的代码、ASP 语法等内容，现在以一个简单的 ASP 示例来介绍 ASP 文件结构。

示例 1：

```
<%@LANGUAGE="VBSCRIPT"%>
<html xmlns="http://www.w3.org/1999/xhtml">
<head>
<meta http-equiv="Content-Type" content="text/html; charset=gb2312" />
<title>在HTML页面中添加VBScript代码</title>
</head>
<body>
<% for i=1 to 6  '生成标签h1~h6的循环代码实现
response.write("<h"&i&">这是"&i&"号标题</h"&i&">")
next  %>
</body>
</html>
```

包含在网页中的 ASP 程序，以"<%"开始，"%>"结束，使用<%@LANGUAGE="VBSCRIPT"%>标记来指定 ASP 中默认使用的脚本语言，指定 ASP 语言标记必须放在网页的开头，在所有其他代码之前。在这里指定的脚本语言是 VBScript。通过此语句设置的脚本在当前网页中生效。

如无特别指定，在网页代码中"<%"和"%>"之间出现的代码默认脚本语言为 VBScript。

"<%"和"%>"是 ASP 的定界符或标识符，其中的语句可以是 ASP 命令，也可以是 VBScript 脚本程序。

在 ASP 程序中，以单引号"'"开始的一行表示注释，例如示例 1 中的"'生成标签 h1~h6 的循环代码实现"，当处理并执行脚本时，注释代码将被忽略执行。

<html></html>、<head></head>和<body></body>都是 HTML 标签，可以看出 ASP 程序实际上就是在 HTML 代码中嵌套使用脚本语言。ASP 脚本块在服务器端执行后，输出结果与页面中的 HTML 代码整合，最后输出到用户浏览器上。

在开发过程中，多数情况下，ASP 代码与 HTML 标签会结合使用，实现动态网页显示，

通常这种结合使用体现在两个方面。

（1）在 HTML 标签中包含 ASP 代码，利用 HTML 标签设计页面布局，用 ASP 代码显示动态内容，代码实现如示例 2 所示。

示例 2：

```
<div>
  <p><%="我是歌手第一季"%></p>
  <p><%="我是歌手第二季"%></p>
</div>
```

（2）在 HTML 的标签中可以加入 ASP 代码。

某些情况下，如果希望页面结构也是动态生成时，则可以用 ASP 代码输出 HTML 标签，其形式如示例 3 代码所示。

示例 3：

```
<%@LANGUAGE="VBSCRIPT"%>
<%
Response.write("<html>")
Response.write("<head>")
Response.write("<title>ASP 生成 HTML 代码</title>")
Response.write("</head>")
Response.write("<body>")
Response.write("</body>")
Response.write("</html>")
%>
```

运行示例 3 代码后，会转变为标准的 HTML 标签。

```
<html>
  <head>
    <title>ASP 生成 HTML 代码</title>
  </head>
  <body>
    <p>内容</p>
  </body>
</html>
```

1.2.2 在 HTML 中嵌入 JavaScript 脚本

JavaScript 作为一种脚本语言，可以嵌入 HTML 文件中。在 HTML 中嵌入 JavaScript 脚本的方法是使用<script>标记。其基本的语法如下。

```
<script language="javascript">
…
</script>
```

应用<script>标记是直接执行 JavaScript 脚本最常用的方法，大部分含有 JavaScript 的网页都采用这种方法，其中，通过 language 属性可以设置脚本语言的名称和版本。

注意：如果在<script>标记中未设置 language 属性，Internet Explorer 浏览器和 Netscape 浏览器将默认使用 JavaScript 脚本语言。

在 HTML 中嵌入 JavaScript 脚本，这里直接在<script>和</script>标记中间写入 JavaScript 代码，用于弹出一个提示对话框，示例 4 代码如下。

```
<html>
<head>
<title>在 HTML 中嵌入 JavaScript 脚本</title>
</head>
<body>
<script language="javascript">
alert("我很想学习 ASP 编程，请问如何才能学好这门语言！");
</script>
</body>
</html>
```

在上面的代码中，<script>与</script>标记之间调用 JavaScript 脚本语言 window 对象的 alert 方法，向客户端浏览器弹出一个提示对话框。这里需要注意的是，JavaScript 脚本通常写在<head>……</head>标记和<body>……</body>标记之间。写在<head>标记中间一般是函数和事件处理函数，写在<body>标记中间的是网页内容或调用函数的程序块。

在 IE 浏览器中打开 HTML 文件，运行结果如图 1-2-2 所示。

图 1-2-2　来自网页的消息

 四、任务实施

⬤ **步骤 1　创建 ASP 文档，并保存在站点目录下**

打开 Dreamweaver CS5，单击"文件"菜单，选择"新建"，打开"新建文档"对话框，如图 1-2-3 所示。在对话框左侧选项外列表中，选择空白页，"页面类型"选择"ASP VBScript"选项，"布局"选择无。

⊃ **步骤2 创建 ASP 文档,并保存在站点目录下**

通过 Dreamweaver CS5 软件,参照完成效果图 1-2-1 所示,在 ASP 页面文档的<body>标签内,创建一个含 3 行 3 列的表格。

⊃ **步骤3 使用 ASP 语句在表格中填入数字**

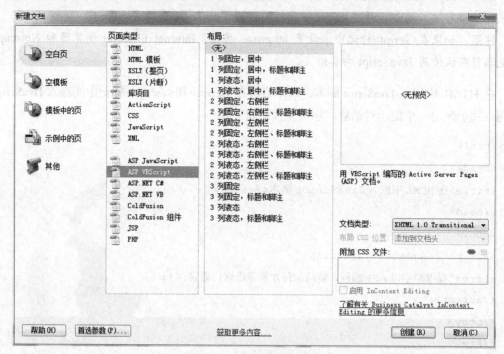

图 1-2-3 新建 ASP 文档

在表格的每个单元格<td>标签之间,就是需要输出数字的位置。在此可以加入 ASP 的标签。如可在每个 "<td>" 和 "</td>" 之间写入 "<%=2%>" 来输出数字 2,相关代码如下。

```
<table border=1 >
  <tr>
    <td><%=2%></td><td><%=7%></td><td><%=6%></td>
  </tr>
  <tr>
    <td><%=9%></td><td><%=5%></td><td><%=1%></td>
  </tr>
  <tr>
    <td><%=4%></td><td><%=3%></td><td><%=8%></td>
  </tr>
</table>
```

PART 2 项目二
懂一点 HTML 基础知识

项目背景

HTML（HyperText Markup Language 的缩写），即超文本链接标记语言。它是在互联网发布超文本文件的通用语言。所谓超文本，就是它可以加入图片、声音、动画、影视等内容，每一个 HTML 文档都是一种静态的网页文件，这个文件里面包含了 HTML 标记，这些标记并不是一种程序语言，它只是一种排版网页中资料显示位置的标记语言。

本项目学习 HTML 语言的主要目的是，学会使用 HTML 语言制作一个完整网页，掌握基本语法格式。在学习过程中，要结合动态程序设计脚本 ASP 来应用这些标记。

- 任务一　制作网页《怪笑小说》
- 任务二　百度首页的制作
- 任务三　制作当当网图书推荐
- 任务四　制作"登录雅虎中国"页面

技术导读

本项目技术重点：
- 理解掌握网页中的超链接、图像、列表的创建方法
- 熟练掌握表格在网页中的应用，学会制作复杂的网页
- 学会使用 CSS 样式美化网页
- 掌握常用的标记属性并能熟练应用在网页制作中

2.1 任务一 制作网页《怪笑小说》

一、任务描述

在电子商务网站中，经常会有商品的描述信息。现以当当网为例，模拟制作《怪笑小说》图书页面的商品简介，如图 2-1-1 和图 2-1-2 所示的页面介绍效果。

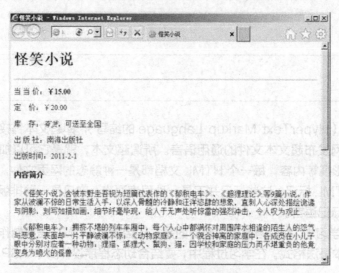

图 2-1-1 怪笑小说页面（1）

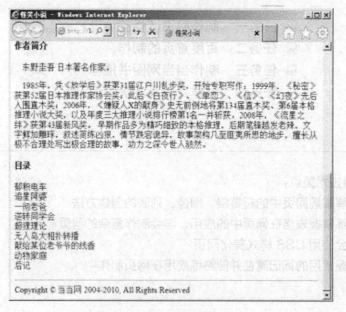

图 2-1-2 怪笑小说页面（2）

二、任务分析

从图2-1-1和图2-1-2可以看出,网页和内容标题均为"怪笑小说"。图2-1-2内容和头部、版权使用水平线分隔。图2-1-1对应价格使用粗体显示,库存对应信息使用斜体显示,内容简介与作者简介标题、目录使用四级标题,内容简介与作者简介中每段前缩进2个字符。

在网页中经常会进行文字排版和修饰,下面就介绍讲解网页中常用标记符及相关属性。

三、知识准备

2.1.1 认识HTML标记

HTML是一种标记语言。可以认为,HTML文档就是普通文本+HTML标记,而不同的HTML标记能表示不同的效果,如表格、图像、表单、文字等。

HTML文档可以运行在不同的操作系统平台和浏览器上,是所有网页制作技术的基础。从结构上讲,HTML文件由标记元素组成,组成HTML文件的标记元素有很多种,用于组织文件的内容,指导文件的内容和指导文件的输出格式。

标记(tags)是HTML文档中一些有特定意义的符号,这些符号指明内容的含义或结构。HTML标记是由一对尖括号"< >"和标记名组成。

标记分为"首标记"和"尾标记"两种,二者标记名称相同,只是结束标记多一个斜杠"/"。

例如,<a>为首标记,</a>为尾标记,<a>……</a>和<A>……</A>效果都一样。

1. HTML文档的基本结构

HTML文件本质上是一个纯文本文件,只是它的扩展名为".hmtl"或".htm"。任何纯文本编辑软件都能创建、编辑HTML文件。

打开文本编辑软件"记事本",创建一个HTML文档,输入如图2-1-3所示的内容。

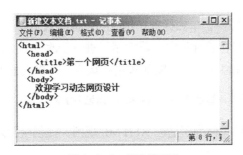

图2-1-3 新建代码页

输入完成HTML文本内容后,选择菜单"文件"/"保存"命令。

在打开对话框中,选择"保存类型",必须选择"所有文件",再输入完整文件名(必须包括扩展名):"exam2-1.html",单击按钮,新建一个后缀名为".html"的网页文件。

其文件图标为浏览器图标。双击该文件,则会用浏览器显示如图2-1-4所示的HTML网页。

图 2-1-4 第一个网页

如图 2-1-3 所输入的 HTML 文档，是一个最简单的 HTML 文档。从图 2-1-3 显示的 HTML 文档结构中可以看出，基本的 HTML 文档结构包括 4 个标记，各标记的含义如下。

（1）<html> …… </html>：告诉浏览器 HTML 文档开始和结束的位置，HTML 文档包括<head>和<body>两个部分。HTML 文档中所有的内容都应该在这两个标记之间，一个 HTML 文档总是以<html>开始，以</html>结束。

（2）<head> …… </head>：HTML 文档的头部标记，头部主要提供文档的描述信息，<head>部分的所有内容都不会显示在浏览器窗口中，在其中可以放置页面的标题<title>以及页面的类型、使用的字符集、链接的其他脚本或样式文件等内容。

（3）<title> …… </title>：定义页面的标题，将显示在浏览器的标题栏中。

（4）<body> …… </body>：用来指明文档的主体区域，主体包含 Web 浏览器页面显示的具体内容，因此网页所要显示的内容都应放在这个标记内。

提示：HTML 标记之间只可以相互嵌套，如<head> <title> ……</title> <head>，但绝不允许相互交错，如<head> <title> …… <head> </title>就是绝对错误的。

2．超文本中的单标记与双标记

HTML 的标记分单标记和成对标记两种。

成对标记是由首标记<标记名>和尾标记</标记名>组成。成对标记的作用域，只作用于这对标记中的文档。

单独标记的格式<标记名>，单独标记在相应的位置插入元素就可以了，大多数标记都有自己的一些属性，属性要写在始标记内，属性用于进一步改变显示的效果，各属性之间无先后次序，属性是可选的，属性也可以省略而采用默认值。其格式如下。

<标记名字 属性1，属性2，属性3...> 内容 < / 标记名字>

属性值可不用加双引号，但为了适应 XHTML 规则，提倡全部对属性值加双引号。如：

<font color="#ff00ff" face="宋体" size="30" > 字体设置 </font>

2.1.2 文字与段落标记的认识

1．内容标题标记 <h n>……</h n>

在网页中合理应用内容标题，起到画龙点睛的作用。

内容标题分六级，从 1~6 级标题字号依次变小，所以<h1>是最大标题标记，而<h6>是最小标题标记。内容标题标记中文本均为加粗显示，实际上可看成是特殊段落标记。

用"记事本"创建一个 HTML 文档，输入完成如图 2-1-5 所示的内容。

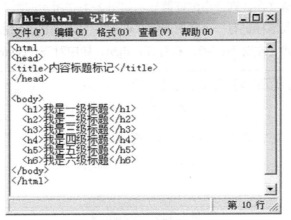

图 2-1-5　演示标题文档

输入完成后，选择菜单"文件"/"保存"命令，注意在"保存类型"中选择"所有文件"类型，再输入完整的文件名为"exam2-2.html"。

单击保存按钮，这样就新建了一个后缀名为".html"的网页文件。可以看到其文件图标为浏览器图标。双击该文件，则会用浏览器显示如图 2-1-6 所示的网页。

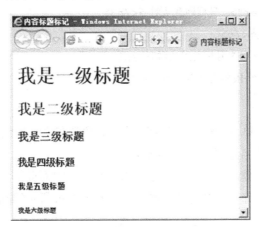

图 2-1-6　浏览器显示标题

2．段落标记 <p>……</p>

提到文字，当然离不开段落，网页中的段落也有其特有的标记符和属性，各段落文本之间换行显示，段落与段落之间有一行的间距，在如上所示的 HTML 页面上，输入下面的内容。

```
<body>
<p>花蓝的花儿香　听我来唱一唱　唱一呀唱</p>
<p>来到了南泥湾　南泥湾好地方　好地呀方</p>
</body>
```

输入完成后，选择菜单"文件"/"保存"命令，注意在"保存类型"中选择"所有文件"类型，再输入完整的文件名为"exam2-3.html"。

单击保存按钮，这样就新建了一个后缀名为".html"的网页文件。可以看到其文件图标为浏览器图标。双击该文件，则会用浏览器显示如图 2-1-7 所示的网页。

内容标题标记和段落标记有一个常用属性"align"，可以设置该元素的内容在元素占据的一行空间内的对齐方式（左对齐：left；右对齐：right；居中对齐：center）。

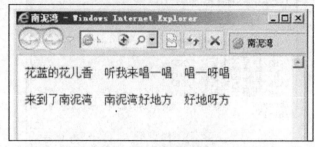

图 2-1-7　南泥湾页面

同样的模式，在如上所示的 HTML 页面上，输入下面的内容。

```
<body>
    <h1 align="center">1 号标题居中对齐</h1>
    <p>段落内容默认对齐</p>
    <h3 align="center">3 号标题默认对齐</h3>
    <p>段落内容默认对齐</p>
    <h1 align="right">3 号标题默认对齐</h1>
    <p align="right">段落内容右对齐</p>
</body>
```

输入完成后，选择菜单"文件"/"保存"命令，注意在"保存类型"中选择"所有文件"类型，再输入完整的文件名为"exam2-4.html"。

单击保存按钮，这样就新建了一个后缀名为".html"的网页文件。可以看到其文件图标为浏览器图标。双击该文件，则会用浏览器显示如图 2-1-8 所示的网页。

图 2-1-8　文本对齐属性

3. 换行标记

换行标记
是单标记，如果在某一段落中的两行文字之间需要另起一行，就需要用到换行的功能，换行一般用在段落中要实现强制换行的场合。

在 Dreamweaver 设计模式下，在某一段中需要换行的地方，使用 Shift+Enter 组合键可以实现换行的功能。

例如在 HTML 的语言页面上，输入下面的代码，在浏览器中的显示效果如图 2-1-9 所示。

```
<body>
   <p>花蓝的花儿香<br />听我来唱一唱<br />唱一唱</p>
   <p>来到了南泥湾<br />南泥湾好地方<br />好地方</p>
</body>
```

图 2-1-9 换行标记

4. 水平线标记<hr/>

<hr>标记是单独使用的标记，是水平线标记。通过设置<hr>标记的属性值，可以控制水平分隔线的样式，例如：

```
<hr size="3" width="85%" noshade="noshade" align="center" color="red"/>
```

关于水平线标记"<hr/>"的相关属性内容，见表 2-1。

表 2-1 <hr>标记的属性

属性	参数	功能	单位	默认值
size		设置水平分隔线的粗细	pixel(像素)	2
width		设置水平分隔线的宽度	pixel(像素)	100%
align	Left center right	设置水平分隔线的对齐方式		center
color		设置水平分隔线的颜色		black
noshade		取消水平分隔线的 3d 阴影		

5. 文本中的粗体标记……

在网页中经常会碰到在一段文字中需要着重体现的文字，这时会想到用字体加粗的效果来呈现。在的开始标签和结束标签内，输入的文字自动加粗显示。

例如在 HTML 的语言页面上，输入下面的代码，在浏览器中的显示效果如图 2-1-10 所示。

```
<body>
<h2 align="center">南泥湾</h2>
<p>花蓝的花儿香　听我来唱一唱　唱一呀唱</p>
<p>来到了<strong>南泥湾　南泥湾</strong>好地方　好地呀方</p>
</body>
```

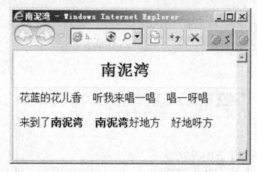

图 2-1-10　文字加粗

6．文本中的斜体标记 <em>……</em>

在 HTML 中，斜体对应的标记是<em>……</em>。在<em>的开始标记和结束标记内，输入的文字自动呈斜体显示效果。

如在 HTML 的语言页面上，输入下面的代码，在浏览器中的显示效果如图 2-1-11 所示。

```
<body>
<h2 align="center">南泥湾</h2>
<p>演唱：<em>郭兰英</em></p>
<p>花蓝的花儿香　听我来唱一唱　唱一呀唱</p>
<p>来到了<strong>南泥湾　南泥湾</strong>好地方　好地呀方</p>
```

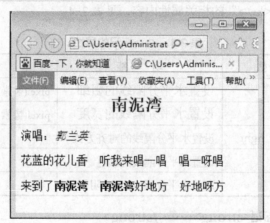

图 2-1-11　斜体标记

四、任务实施

● 步骤1　新建文档，修改标题

（1）首先打开 Dreamweaver 软件，在该软件中创建一个新的空白 HTML 文档。然后保存在本地工作目录下，取名为"怪笑小说.html"。

（2）在 Dreamweaver 文档工具栏中，设置网页标题为"怪笑小说"，如图 2-1-12 所示。

图 2-1-12　文档标题

● 步骤2　添加内容标题"怪笑小说"

在 Dreamweaver 软件中，切换至"代码视图"，如图 2-1-13 所示。

图 2-1-13　文档工具栏

在代码视图下，输入"<h1>怪笑小说</h1>"，或在设计视图中输入"怪笑小说"，保持光标在该行内，在"属性"面板中选择"格式"中的"标题 1"，如图 2-1-14 所示。

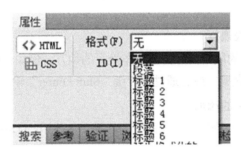

图 2-1-14　制作标题属性控制面板

经过上面的操作，在浏览器中的显示效果如图 2-1-15 所示。可以看到内容标题部分已经变成了加粗，大字号显示。

图 2-1-15　怪笑小说页面

● 步骤3　添加水平线

在 Dreamweaver 软件里切换到代码视图,在"<h1>怪笑小说</h1>"的下面,输入"<hr />"，插入一个换行标记，或把光标定位在"怪笑小说"标题后面，选择"插入"/"HTML"/"水平线"命令，在最后插入一条水平线。

◉ **步骤 4　添加段落文字内容**

在代码视图编辑模式中，需要添加段落标记的位置输入段落标记<p>……</p>，在段落标记内输入文字，或者在设计视图中，按回车后输入段落文字内容。

◉ **步骤 5　特殊符号"空格"、"¥"、"©"的输入**

可以在代码视图中输入" "、"&yen;"、"&copy;"，或者在设计视图中，选择"插入"/"HTML"/"特殊符号"来完成字符的输入。

◉ **步骤 6　字体的加粗**

在 Dreamweaver 软件的代码视图编辑模式下，在需要设置字体加粗的地方，输入<strong>……</strong>来完成字体加粗，或者在设计视图模式选中需要加粗的字体，单击"属性"面板中的加粗按钮 **B**，完成字体加粗的效果，代码如下。

```
<strong>¥15.00</strong>
```

◉ **步骤 7　添加斜体字**

在 Dreamweaver 软件的代码视图编辑模式下，在需要设置斜体字的地方，输入<em>……</em>来完成斜体字效果的实现。例如：

```
<em>有货</em>
```

◉ **步骤 8　目录列表换行**

在 Dreamweaver 软件的段落内部需要回车换行的地方，例如：目录列表的实现可以通过输入单标记来"
"完成，或者通过组合键"Shift+Enter"输入换行标记。

◉ **步骤 9　标题文字的添加**

"内容简介"、"作者简介"、"目录"的标题文字使用<h4>……</h4>来完成。例如：

```
<h4>内容简介</h4>
```

◉ **步骤 10　保存文件**

经过上面的操作，再次保存之后，按 F12 键预览网页，可以看到如图 2-1-1 所示的效果。最终的 HTML 代码如下。

```
<body>
<h1>怪笑小说</h1>
<hr />
<p>当 当 价：<strong>¥15.00</strong></p>
<p>定    价：¥20.00</p>
<p>库    存：<em>有货</em>，可送至全国</p>
<p>出 版 社：南海出版社</p>
<p>出版时间：2011-2-1</p>
<h4>内容简介</h4>
```

```
<p>    《怪笑小说》含被东野圭吾视为短篇代表作的《郁积电车》、
《超狸理论》等 9 篇小说。作家从波<br />
澜不惊的日常生活入手……</p>
<p>     《郁积电车》：拥挤不堪的列车车厢中，每个人心中都满怀对
周围萍水相逢的陌生人的怨气与……</p>
<h4>作者简介</h4>
<p>    东野圭吾 日本著名作家。</p>
<p>     1985 年，凭《放学后》获第 31 届江户川乱步奖，开始专职
写作；1999 年……</p>
<h4>目录</h4>
<p>
    郁积电车<br />
    追星阿婆<br />
    ……
    后记
    </p>
<hr />
    Copyright &copy; 当当网 2004-2010, All Rights Reserved
</body>
```

2.2 任务二 百度首页的制作

一、任务描述

百度首页大家耳熟能详，本单元来完成一个类似百度一样的网页效果，如图 2-2-1 所示。

图 2-2-1 制作百度首页

二、任务分析

从图 2-2-1 中可以看到，网页上方和中间位置，分别放置着百度 LOGO 图片及搜索框，

其他部分是文字与超链接。关于文字相关用法，在前面学习中已经掌握，那么图片与超链接是如何实现的呢？通过本单元学习，大家可以非常轻松地制作如图 2-2-1 所示的图文结合的页面效果。

三、知识准备

2.2.1 图像标记 <img>

网页中的图像对浏览者的吸引力远远大于文本，选择最恰当的图像能够牢牢吸引浏览者的视线。图像直接表现主题，并且凭借图像的意境，使浏览者产生共鸣。只有色彩和文字而缺少图像的设计，给人的印象是没有主题的空虚画面，浏览者将很难了解该网页的主要内容。

在 HTML 中，使用<img>标记可以插入图像。<img>它是一个单标记，在 Deamweaver 中可以通过常用工具栏中的 "图标"来实现<img>标记的添加，常用工具栏如图 2-2-2 所示。

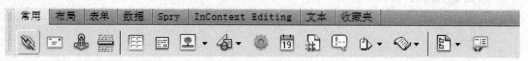

图 2-2-2 常用工具栏

通过单击常用工具栏中的 "图标"图像按钮，打开选择图像源文件的对话框，如图 2-2-3 所示，在查找范围列表框里，找到所要插入图片的位置，正确添加图像。

图 2-2-3 选择图像源文件对话框

单击确定按钮，在弹出的"图像标签辅助功能属性"中，输入替换文本内容"百度 LOGO"，如图 2-2-4，生成的代码如下。

```
<img src="images/logo.gif" width="269" height="127" border="0" alt="百度 LOGO" />
```

图 2-2-4　图像标签辅助功能属性

向网页中插入一张图片,该图片文件位于当前网页文件所在目录下的 imgaes 目录中,图片文件名为"logo.gif"。

其中,关于<img>标记的属性及其含义如表 2-2 所示。

表 2-2　img 标记的属性

属　　性	含　　义
src	图片文件 URL 地址
alt	当图片无法显示时显示的替代文字
title	鼠标停留在图片上时显示的说明文字
align	图片的对齐方式共有 9 种取值
width,height	图片在网页中的宽和高,单位为像素或百分比

2.2.2　超链接标记 <a>

超链接是组成网站的基本元素,通过超链接可以将很多网页组织成一个网站,并将 Internet 上的各个网站联系在一起,人们可以方便地从一个网页转到另一个网页。超链接是通过 URL 来定位目标信息的。

URL 包括 4 部分:网络协议、域名或 IP 地址、路径和文件名。

在 HTML 中,采用 <a> 标记来表示超链接,用法如下。

```
<a href="http://www.baidu.com" target="_blank" title="百度网站">百度网站</a>
```

其中,<a>标记的属性及其取值如表 2-3 所示。

表 2-3　<a> 标记属性列表

属 性 名	说　　明	属 性 值
href	超链接的 URL 路径	相对路径或绝对路径、Email、#锚点名
target	超链接的打开方式	_blank:在新窗口打开 _self:在当前窗口打开,默认值 _parent:在当前窗口的父窗口打开 _top:在整个浏览器窗口打开链接 窗口或框架名:在指定名字的窗口或框架中打开
title	超链接上的提示文字	属性值是任何字符串型值

超链接的源对象是指可以设置链接的网页对象，主要有文本、图像或文本图像的混合体，它们对应 <a> 标记内容，另外还有热区链接。

在 Dreamweaver 中，这些网页对象的属性面板中都有"链接"设置项，可以方便地为它们建立链接。

（1）用文本做超链接。

在 Dreamweaver 中，可以先输入文本，然后用鼠标选中文本。

在属性面板的"链接"框中，输入链接的地址并按 Enter 键。也可以单击"常用"工具栏中的"超级链接"图标，打开"超级链接"对话框，如图 2-2-5 所示，在对话框中输入"文本"和链接地址等。

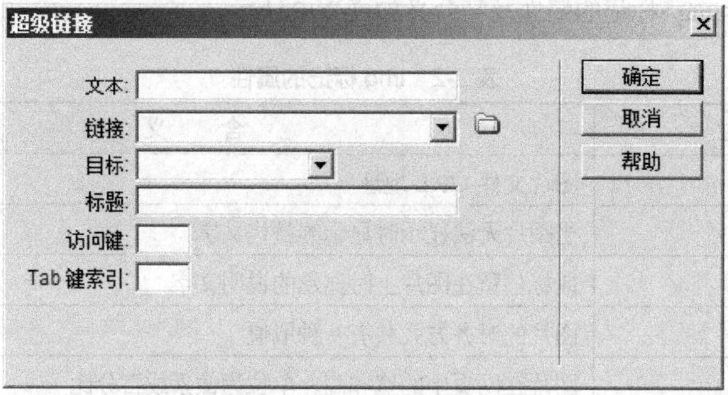

图 2-2-5　超级链接对话框

还可以在代码视图中直接写代码。

无论用何种方式做，生成的超链接代码类似于下面这种形式。

```
<a href="index.asp" target="_blank"> 首页 </a>
```

（2）用图像做超链接。

首先需要插入一幅图片，然后选中图片。在属性面板"链接"文本框中，设置图片链接的地址，生成的代码如下。

```
<a href="index.asp" > <img src="images/logo.gif" title="返回首页" /> </a>
```

（3）用文本、图像混合做链接。

由于<a>标记是一个行内标记，所以它的内容可以是任何行内元素和文本的混合体。因此可将图片和文本都作为<a>标记的内容，这样无论是单击图片还是文本都会触发同一个链接。

该方法在商品展示的网站上比较常用，制作文本图像链接，需要在代码视图中手工修改代码，代码如下。

```
<a href=" news227id1379.html"> <img src="news_227id13.gif" /> <br /> 绿色环保产品</a>
```

（4）热区链接。

用图像做超链接，只能让整张图片指向一个链接，那么能否在一张图片上创建多个超链接呢？这时就需要热区链接。

所谓热区链接，就是在图片上划出若干个区域，让每个区域分别链接到不同的网页。比如一张地图，单击不同的地方，链接到不同的网页，这就是通过热区链接实现的。

在 Dreamweaver 软件中，制作热区链接首先要插入一幅图片。然后选中图片，在展开的图像"属性"面板上有"地图"选项，它的下方有 3 个小按钮，分别是绘制矩形、圆形、多边形热区的工具，如图 2-2-6 所示。

可以使用它们在图像上拖动绘制热区，也可以使用箭头按钮调整热区的位置。

绘制完成了热区后，可以看到在 HTML 代码中增加了<map>标记，表示在图像上定义了一幅地图。地图就是热区的集合，每个热区用<area>单标记定义，因此<map>和<area>是成组出现的标记对。

图 2-2-6 热区案例

定义热区后生成的代码如下。

```
<img src="images/chinaMap.jpg" alt="说明文字" border=0 usem="#Map" />
<map name="Map" id="Map">
    <area shape="rect" coords="27,20,65,53" href="#jiaxing" alt="嘉兴" />
    <area shape="circle" coords="140,60,34" href="#" />
    <area shape="poly" coords="198,109,234,104,239,83,238,54,212" href="#" />  </map>
```

其中，<img>标记会增加 usemap 属性与它上面定义的地图（热区）建立关联。

<area>标记的 shape 属性,定义了热区的形状;coords 属性定义了热区的坐标点;href 属性定义了热区链接的 URL 地址;alt 属性可设置鼠标移动到热区上时显示的提示文字。

下面是一个包含各种超链接的实例。

```
<body>
<p><a href="dance.html">红舞鞋</a></p>
<p><a href="#xrh">雪绒花</a></p>
<p><a href="mailto:sunny@163.com" title="欢迎给我来信"><img src="mail.fig" /></a></p>
<p>好站推荐: <a href="http://www.baidu.com" target="_blank">百度</a></p>
<p><a id="xrh"></a>雪绒花的介绍……</p>

<p align="right"><a href="javascript:self.close();">关闭窗口</a></p>
</body>
```

四、任务实施

● 步骤1 创建页面

打开 Dreamweaver,单击"文件"菜单,选择"新建",打开"新建文档"对话框。

在对话框左侧选项列表中,选择"空白页",页面类型中选择"HTML"选项,布局选择"无",如图 2-2-7 所示,单击创建按钮。然后保存在本地工作目录下,取名为 baidu.html。

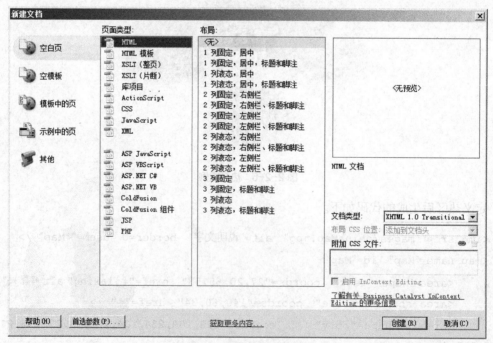

图 2-2-7 新建文档对话框

➲ 步骤 2　插入百度 logo 图像

在 Dreamweaver 的代码视图下，输入以下代码完成图像的插入。

```
<p> < a href="#"> <img src="images/logo.gif" alt="百度 Logo" width="269" height="127" border="0"  /> </a> </p>
```

在设计视图下，通过单击常用工具栏中的图像按钮，选择要插入的图像和替代文字，在属性工具栏中设置图片的超级链接地址为空链接"#"号。如图 2-2-8 所示。

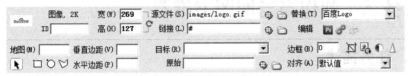

图 2-2-8　图像标记属性面板

➲ 步骤 3　输入文字，并设置文字超级链接

在 Dreamweaver 的设计视图下，光标定位在插入的"百度 logo"图像后，按 Enter 键，插入相应的文字代码。在属性面板中设置对应文字的链接为空链接，如图 2-2-9 所示。

图 2-2-9　属性控制面板

切换到代码视图，可以看到生成的代码如下。

```
<p><a href="#"> 新闻  　</a> <strong> <a href="#"> 网页</a></strong>  
<a href="#">贴吧</a>  
<a href="#">知道</a>  
<a href="#">MP3</a>  
<a href="#">图片</a>  
<a href="#">视频</a>  
<a href="#">地图</a></p>
```

➲ 步骤 4　制作版权信息文字与工商图标

在 Dreamweaver 中，选择"插入"菜单，可以使用 Alt+I 组合键，在"HTML"列表中选择"特殊字符"，插入版权符号"©"。

输入相应的制作版权文字，在文字的后面，用鼠标单击"常用工具栏"中的"图像"按钮，选择工商图标的图像文件，并设置替代文字，在图像的属性面板中，可以在"对齐列表"中设置图像的对齐方式，如图 2-2-10 所示，完成版权信息的制作。

图 2-2-10　图像标记属性控制面板

生成代码如下。

```
<p>&copy;2011 Baidu 使用百度前必读 京 ICP 证 030173 号 <img src="images/gongshang.gif" /> </p>
```

> **步骤 5　保存文件**

经过上面的操作，再次保存之后，按 F12 键预览网页，可以看到如图 2-1-1 所示的效果。

2.3　任务三　制作当当网图书推荐

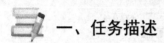

一、任务描述

在电子商务网站中，经常看到以表格形式排列商品图片和文字简介。下面通过表格和列表项来制作当当网图书推荐页面，完成效果如图 2-3-1 所示。

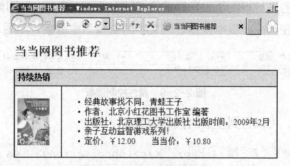

图 2-3-1　当当网图书推荐

二、任务分析

从图 2-3-1 中可以看到，网页中图片和文字使用表格和列表项辅助排列，这样可以使网页结构更加清晰、有条理。下面将通过对表格和列表项的学习，来增加页面的美观性。

三、知识准备

2.3.1　表格标记<table>

表格是网页中常见的页面元素，网页中的表格不仅用来显示数据，更多时候还用来对网页进行布局，以达到精确控制文本或图像在网页中的位置的目的。

通过表格布局的网页，网页中所有元素都是放置在表格的单元格中，因此在网页的 HTML 代码里，表格的标记<table>、<tr>、<td>出现得非常多。

1．<table>标记及其属性

网页中的表格由<table>标记定义，一个表格被分成许多行<tr>，每行又被分成许多个单元格<td>，因此<table>、<tr>、<td>是表格中 3 个最基本的标记，必须同时出现才有意义。

表格中的单元格能容纳网页中的任何元素，如图像、文本、列表、表单、表格等。在

Dreamweaver 中，可以通过单击"常用"工具栏中的"表格"按钮来实现。

单击"表格"按钮后，在弹出的对话框中设置表格的相应属性值，如图 2-3-2 所示。

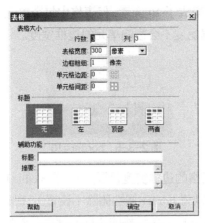

图 2-3-2　新建表格对话框

表格创建好之后，可以在"状态栏"中选择<table>标记，通过表格属性面板来实现快速设置，如图 2-3-3 所示。

图 2-3-3　表格属性控制面板

下面是一个最简单的表格代码，如上同样的过程，输入以下表格的 HTML 代码内容。

```
<table border="1">
  <tr><td>CELL 1</td>
    <td>CELL 2</td></tr>
  <tr> <td>CELL 3</td>
    <td>CELL 4</td>
  </tr>
</table>
```

上面的输入操作完成，保存之后，按 F12 键预览网页，可以看到如图 2-3-4 所示的效果。

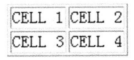

图 2-3-4　表格演示

从表格的显示效果可以看出，代码中两个<tr>标记定义了两行；而每个<tr>标记中，又有两个<td>标记，表示每一行中有两个单元格。因此显示为两行两列的表格。要注意：在表格中行比列大，总是一行<tr>中包含若干个单元格<td>。

上面的表格<table>标记中，还设置了边框宽度(border=1)。它表示表格的边框宽度是 1 像素宽。下面将边框宽度调整为 10 像素，即<table border="10">，这时显示效果如图 2-3-5 所示。此时虽然表格的边框宽度变成了 10 像素，但表格中每个单元格的边框宽度仍然是 1 像素，从这里可以看出设置表格边框宽度不会影响单元的边框宽度。

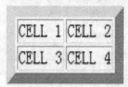

图 2-3-5　border=10

但有一个例外，如果将表格的边框宽度设置为 0，即<table border="0">，（由于 border 属性的默认值就是 0，因此也可以将 border 属性删除不设置），则显示效果如图 2-3-6 所示，可看到将表格的边框宽度设置为 0 后，单元格的边框宽度也跟着变为 0。 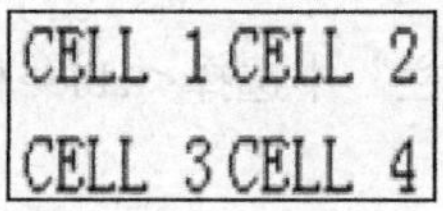

图 2-3-6　border=0

由此可得出结论：设置表格边框为 0 时，会使单元格边框也变为 0；而设置表格边框为其他数值时，单元格边框宽度保持不变，始终为 1。

除了 border 属性外，table 标记还有两个很重要的属性：cellpadding 和 cellspacing。

其中： Cellpadding 表示单元格中的内容到单元格边框之间的距离，默认值为 0。而 cellspacing 表示相邻单元格之间的距离，默认值为 1。如将表格填充设置为 12，即<table border=10 cellpadding="12">，则显示效果图 2-3-7 所示。 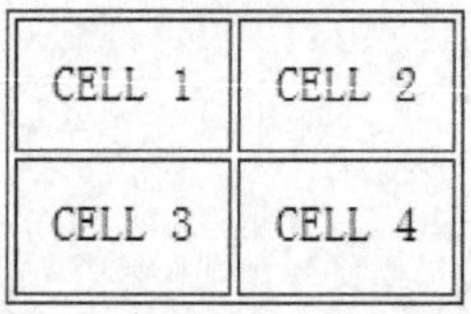

图 2-3-7　cellpadding=12

如把表格间距设置为 12，填充设置为 0，即<table border=10 cellpadding="0" cellspacing="12">，则显示效果如图 2-3-8 所示。 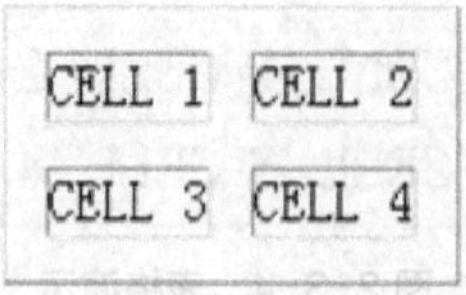

图 2-3-8　cellspacing=12

此外，表格<table>标记还具有宽（width）、高（height）、背景颜色（bgcolor）等属性，表 2-4 列出了表格标记的常用属性。

表 2-4　表格标记常用属性

<table>标记的属性	含　义
Border	表格边框的宽度，默认值为 0
Bordercolor	表格边框的颜色，若不设置，将显示立体边框效果，IE 中设置该属性将同时改变单元格边框的颜色
Bgcolor	表格的背景色
Background	表格的背景图像
Cellspacing	表格的间距，默认值为 1
Cellpadding	表格的填充，默认值为 0
Width、height	表格的宽和高，可以使用像素或百分比做单位
Align	表格的对齐属性，可以让表格左右或居中对齐
Rules	只显示表格的行边框或列边框

2．<tr>、<td>、<th>标记的属性

表格的常用属性，可以通过表格属性面板来实现快速设置，如图 2-3-9 所示。表格中的行标记<tr>，单元格标记<td>可以通过在状态栏中选择行或单元格，在属性面板里对行或单元格进行设置。

图 2-3-9　表格属性控制面板

表头标记<th>相当于一个特殊的单元格标记<td>，只不过<th>中的字体会以粗体居中的方式显示。可以将表格第一行（第一个<tr>）中的<td>换成<th>表示表格的表头

对于单元格标记<td>、<th>来说，它们具有一些共同的属性，包括 width、height、align、valign、nowrap（不换行）、bordercolor、和 background。这些属性对于标记<tr>来说，大部分也具有，只是没有 width、background 属性。

（1）align 和 valign 属性。

align 是单位格中内容的水平对齐属性，它的取值有 left（默认值）、center、right。valign 是单元格中内容的垂直对齐属性，它的取值有 middle（默认值）、top 或 bottom。

（2）bgcolor 属性。

bgcolor 属性是<table>、<tr>、<td>都具有的属性，用来对表格或单元格设置背景色。

在实际应用中，常将所有单元格的背景色设置为一种颜色，将表格的背景色设置为另一种颜色。此时如果间距（cellspacing）不为 0 的话，则表格的背景色会环绕单元格，使间距看起来像边框一样。

例如，如上同样的过程，输入以下表格的 HTML 代码内容。

```
<table width="256" border="1" cellpadding="0" cellspacing="5" bordercolor=
"#333" bgcolor="#cccccc" >
```

```
<tr> <td height="48" bgcolor="#FFFFFF">CELL 1</td>
  <td height="48" valign="top" bgcolor="#FFFFFF">CELL 2</td>
</tr>
<tr> <td height="44" bgcolor="#FFFFFF">CELL 3</td>
  <td align="center" bgcolor="#FFFFFF">CELL 4</td>
</tr>
</table>
```

上面的输入操作完成,保存之后,按 F12 键预览网页,可以看到如图 2-3-10 所示的效果。

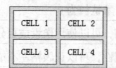

图 2-3-10 border=0

如果在此基础上,将表格的边框宽度设置为 0,则显示效果如图 2-3-11 所示。可看出此时间距像边框一样,而这个由间距形成的"边框"颜色,实际上是表格的背景色。

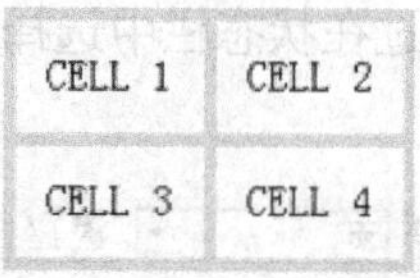

图 2-3-11 border=0

(3) colspan 和 rowspan 属性。

有时,可能希望合并某些单元格,制作出如图 2-3-12 所示的表格。这时,就需要用到单元格的合并属性。单元格的合并属性是 <td> 标记特有的两个属性,分别是跨多列属性(colspan)和跨多行属性(rowspan),它们用于合并列或合并行。

例如,如上同样的过程,输入以下表格的 HTML 代码内容。

```
<table border="1" cellspacing="0" cellpadding="12">
  <tr> <td rowspan="3">合并 3 行</td>
    <td colspan="2">合并 2 列</td>
  </tr>
  <tr><td>单元格</td>
    <td>单元格</td>
  </tr>
  <tr> <td>单元格</td>
    <td>单元格</td>
  </tr></table>
```

上面的输入操作完成,保存之后,按 F12 键预览网页,可以看到如图 2-3-12 所示的效果。

图 2-3-12 表格合并效果

上面的表格代码中，<td rowspan="3">表示合并 3 行。</td>表示该单元格由 3 行（3 个上下排列的单元格）合并而成，它将使该行下两行两个标记<tr>中，分别减少一个<td>标记。

在上面的表格代码中，<td colspan="2">合并 2 列，</td>表示该单元格由两列（两个并排的单元格）合并而成，它将使该行<tr>标记中减少一个<td>标记。

提示：设置了单元格合并属性后，再对单元格的宽或高进行精确设置，就不容易，因此在用表格布局时，不推荐使用单元格合并属性，使用表格嵌套更合适些。

2.3.2 列表标记

为了合理地组织文本或其他对象，网页中常常要用到列表。

在 HTML 中，可以使用的列表标记有无序列表<ul>、有序列表<ol>和定义列表<dl>这 3 种。每个列表都包含若干个列表项，用<li>标记表示。

1．无序列表（unordered list）

无序列表以标记<ul>开始，以</ul>结束。在每一个<li>标记处另起一行，并在列表文本前显示加重符号，全部列表会缩排。与 Word 中的"项目符号"很相似。

如上同样的过程，输入以下无序列表的 HTML 代码内容。

```
<ul>
    <li> 列表项 1 </li>
    <li> 列表项 2 </li>
    <li> 列表项 3 </li>
    <li> 列表项 4 </li>
</ul>
```

上面的输入操作完成，保存之后，按 F12 键预览网页，看到如图 2-3-13 所示的无序列表效果。

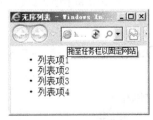

图 2-3-13 无序列表效果

2．有序列表（ordered list）

有序列表以标记<ol>开始，以</ol>结束。在每一个<li>标记处另起一行，并在列表文本前显示数字序号。与 Word 中的"项目符号"很相似。

如上同样的过程,输入以下有序列表的 HTML 代码内容。

```
<ol>
    <li> 列表项 1 </li>
    <li> 列表项 2 </li>
    <li> 列表项 3 </li>
<li> 列表项 4 </li>
    </ol>
```

上面的输入操作完成,保存之后,按 F12 键预览网页,可以看到如图 2-3-14 所示的有序列表及其显示效果。

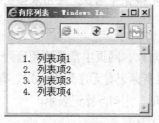

图 2-3-14 有序列表效果

3. 定义列表(default list)

定义列表以定义列表项标记<dl>开始,</dl>结束。定义列表项标记<dl>中,包含一个列表标记和一系列列表内容,其中<dt>标记为列表标题,<dd>标记中则为列表内容。列表自动换行和缩排。

如上同样的过程,输入以下定义列表的 HTML 代码内容。

```
<dt>列表标题</dt>
    <dd>    列表项 1    </dd>
    <dd>    列表项 2    </dd>
    <dd>    列表项 3    </dd>
    <dd>    列表项 4    </dd>
```

上面的输入操作完成,保存之后,按 F12 键预览网页,可以看到如图 2-3-15 所示的定义列表及其显示效果。

图 2-3-15 自定义列表效果

列表标记之间还可以进行嵌套，即在一个列表的列表项中插入另一个列表，这样就形成了二级列表结构。随着 DIV+CSS 布局方式的推广，列表的地位变得重要起来，配合 CSS 使用，列表可以演变成模式繁多的导航、菜单标题等。

四、任务实施

◯ 步骤1　创建页面

打开 Dreamweaver 软件，单击"文件"菜单，选择"新建"，打开"新建文档"对话框。

在对话框左侧选项外列表中，选择"空白页"，页面类型对话框中选择"HTML"选项，布局对话框中选择"无"，单击创建按钮，创建过程同上单元。

然后保存在本地工作目录下，取名为 table.html。

◯ 步骤2　输入标题

在 Dreamweaver 软件的视图模式下，输入"当当网图书推荐"，选中文字，在属性栏的"格式"列表栏中选择"标题 2"，如图 2-3-16 所示。

或者在代码模式下，手动输入：

`<h2>当当网图书推荐</>`。

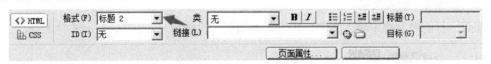

图 2-3-16　标题样式定义

◯ 步骤3　表格的创建

（1）在 Dreamweaver 软件的视图模式下，单击"常用"工具栏中的"表格"按钮，在弹出的对话框中，输入相应的属性值，如图 2-3-17 所示。

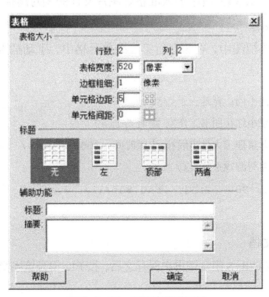

图 2-3-17　新建表格对话框

或者如上同样过程，在 Dreamweaver 软件的代码视图中输入以下代码。

```html
<table width="520" border="1" cellspacing="0" cellpadding="5">
  <tr>
    <td> </td>
    <td> </td>
  </tr>
  <tr>
    <td> </td>
    <td> </td>
  </tr>
</table>
```

（2）选中第一行的两个单元格，在属性面板中，单击合并按钮▣，合并第一行的两个单元格，并设置单元格的背景颜色为灰色。设置好之后的代码为

```html
<td colspan="2" bgcolor="#CCCCCC"> </td>
```

● 步骤 4 输入文字

在第一行的单元格中输入文字，并设置为加粗，代码为

```html
<strong>持续热销</strong>
```

● 步骤 5 插入图像

在第二行的第一个单元格中，插入准备好的图片。

在 Dreamweaver 软件的视图模式下，单击"常用"工具栏中的"图像"按钮，或者直接手动添加<img>标记，在 src 属性值中插入准备好图片文件的相对路径。

● 步骤 6 插入图像

在 Dreamweaver 代码视图中，在第二行第二个单元格中，手动插入无序列表，代码如下。

```html
<ul>
    <li>经典故事找不同：青蛙王子</li>
    <li>作者：北京小红花图书工作室 编著</li>
    <li>出版社：北京理工大学出版社 出版时间：2009 年 2 月</li>
    <li>亲子互动益智游戏系列！</li>
    <li>定价：￥12.00   当当价：￥10.80</li>
</ul>
```

● 步骤 7 保存文档

经过上面的操作，按 Ctrl+S 组合键再次保存之后，按 F12 键预览网页，可以看到如图 2-3-1 所示的效果。

2.4 任务四 制作"登录雅虎中国"页面

一、任务描述

制作完成后，登录雅虎中国的页面效果，如图 2-4-1 所示。

图 2-4-1 登录雅虎中国

二、任务分析

从图 2-4-1 中可以看到，网页的右侧有一个登录区域，包含单选文本框、密码框、下拉菜单、复选框、按钮等。当用户单击"登录"按钮时，该页面会自动将用户输入的内容发送到服务器，要实现这样的一个功能页面，就需要用到表单等相关的内容。

三、知识准备

2.4.1 HTML 表单

HTML 语言的表单元素，是浏览器与服务器之间重要的交互手段。利用表单，可以收集客户端提交的有关信息。如图 2-4-2 所示的是用户注册表单，用户单击"提交"按钮后，表单中的信息就会传递到服务器端。

图 2-4-2 用户注册表单

表单一般由两部分组成：一是描述表单元素的 HTML 源代码；二是服务器端用来处理用户所填信息的程序，或者是客户端脚本。在 HTML 代码中，可以定义表单，并且使表单与 ASP 等服务器端程序配合。

表单处理信息的过程为当单击表单中的"提交"按钮时，输入到表单中的信息就会上传到服务器中，然后由服务器中的有关应用程序进行处理。处理后或者将用户提交的信息存储在服务器端的数据库中，或者将有关的信息返回到客户浏览器。

表单的<form>标记中，包含的表单域标记通常有：<input>、<select>和<textarea>等。图 2-4-3 展示了 Dreamweaver 软件中，表单工具栏中各个表单元素的标记的对应关系。

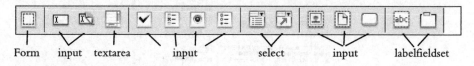

图 2-4-3　表单工具栏

1. 表单标签 <form>……</form>

表单标签 <form> 的基本语法是：

```
<FORM name="form_name" ACTION="URL" METHOD="GET|POST">…</FORM>
```

在"表单"工具栏中，单击"表单"按钮后，就会在网页中插入一个表单<form>标记。此时，在属性面板中会显示<form>标记的属性设置，如图 2-4-4 所示。

图 2-4-4　表单属性控制面板

（1）在表单的"属性"面板中，"表单名称"对应表单的"name"属性。可以设置一个唯一名称以标识该表单，如：

```
<FORM name="form1">
```

（2）"动作"对应表单的 action 属性。action 属性用来设置接收和处理表单内容的脚本程序文件的 URL。例如：<form action="admin/loginok.asp">表示当用户提交表单后，网站将转到"admin/loginok.asp"页面，并执行该文件的脚本代码，处理接收的表单数据，再返回执行结果（生成的静态页）给浏览器。

可以在"动作"文本框中输入完整的 URL。如果设置 action 属性为空，即 action=""时，表单所在网页将作为默认的 URL 地址被启用。

（3）"方法"对应表单的 method 属性，这个属性用来定义浏览器，将表单信息提交给 WWW 服务器程序的方式，主要有 GET 和 POST 两种方式，区别如下。

GET 是 method 属性默认的提交方式，如果在定义表单时，不指定 method 属性，则浏览器默认将表单信息以 GET 方式提交给 WWW 服务器。使用 GET 方式提交信息时，浏览器先将表单信息通过 enctype 属性，指定的 URL 编码方式进行编码处理，然后 GET 方法将编码过的内容通过 URL 赋值的方式传递到服务器上。GET 方法不能用于传递大于 1Kb 的信息。

POST 方法：当表单指定通过 POST 方法传递信息时，浏览器将表单信息作为 http 实体消息的方式传送给 WWW 服务器。

（4）"目标"对应 target 属性，它指定当单击表单的提交按钮时，action 属性所指定的动态网页以何种方式打开。其取值有 4 种，作用和<a>标记的 target 属性相同。

（5）"MIME 类型"对应 enctype 属性，这个属性用于设置浏览器使用何种编码方式，将表单数据进行编码处理，然后通过 GET 或 POST 方法传送给服务器。

该属性有以下两种取值。

```
application/x-www-form-urlencoded    （默认方式）
multipart /form-data    （文件上传专用）
```

默认设置"application/x-www-form-urlencode"，通常与 post 方法协同使用。如果要创建文件上传域，需要设置为"multipart/form-data"类型。

2．文本框

文本框是一种让访问者自己输入内容的表单对象，通常被用来填写单个字或者简短的回答，如姓名、地址等。其基本的 HTML 代码格式为

```
<input type="text" name="…" size="…" maxlength="…" value="…">
```

其中，各项属性的内容含义如下。

type="text" 定义单行文本输入框。

name 属性定义文本框的名称，要保证数据的准确采集，必须定义一个独一无二的名称。

size 属性定义文本框的宽度，单位是单个字符宽度。

maxlength 属性定义最多输入的字符数。

value 属性定义文本框的初始值。

3．密码框

密码框是一种特殊的文本框，它的不同之处是当输入内容时，均以"*"表示，以保证密码的安全性。其基本的 HTML 代码格式为

```
<input type="password" name="…" size="…" maxlength="…" >
```

4．按钮

类型：普通按钮、提交按钮、重置按钮。

● 普通按钮

当 type 类型为 button 时，表示输入项输入是普通按钮。其基本 HTML 代码格式为

```
<input type="button" value="…" name="…">
```

其中：Value 表示显示在按钮上面的文字，普通按钮经常和脚本一起使用。

● 提交按钮

通过提交(input type=submit)，可以将表单(Form)里的信息提交给表单里"action"所指向

的文件。其基本 HTML 代码格式为

```
<input type="submit" value="提交">
```

- 重置按钮

当 type 的类型为 reset 时，表示该输入项输入的是重置按钮。单击按钮后，浏览器可以清除表单中的输入信息而恢复到默认的表单内容设定。其基本 HTML 代码格式为

```
<input type="reset" value="…" name="…">
```

5．单选按钮和复选框

- 单选按钮

单选按钮表示选择的对象，只能二选一的功能，其基本 HTML 代码格式为

```
<input type="radio" name="…" value="…" checked>
```

其中，Checked：表示此项默认选中。

Value 表示选中后传送到服务器端的值。

Name 表示单选按钮的名称，如果是一组单选项，name 属性的值相同有互斥效果。

- 复选框

复选框表示选择的对象可以同时选择多项的功能，其基本 HTML 代码格式为

```
<input type="checkbox" name="…" value="…" checked >
```

其中，Checked：表示此项默认选中。

Value 表示选中后传送到服务器端的值。

Name 表示复选框的名称，如果是一组单选项，name 属性的值相同亦不会有互斥效果。

6．文件输入框

当 type="file"时，表示该输入项是一个文件输入框。用户可以在文件输入框的内部填写自己硬盘中的文件路径，然后通过表单上传。其基本 HTML 代码格式为

```
<input type="file" name="…">
```

7．下拉框（Select）

下拉框既可以用作单选，也可以用作复选。

如果是具有单选例句功能，其基本 HTML 代码格式为

```
<select name="fruit" >
<option value="apple"> 苹果
<option value="orange"> 桔子
<option value="mango"> 芒果
</select>
```

如果要变成复选，加 multiple 即可，用户用 Ctrl 来实现多选。其基本 HTML 代码格式为

```
<select name="fruit" multiple>
```

此外，用户还可以用"size"属性，来改变下拉框的大小。

8．多行文本域（textarea）

多行输入框（textarea）主要用于输入较长的文本信息。其基本 HTML 代码格式为

```
<textarea name="yoursuggest" cols ="50" rows ="3"></textarea>
```

其中，cols 表示 textarea 的宽度，rows 表示 textarea 的高度。

9．隐藏域

当 type="hidden"时，表示该项是一个隐藏的表单字段元素。

浏览器不会显示这个表单字段元素，但当提交表单时，浏览器会将这个隐藏域的 name 属性和 vlaue 属性值组成的信息对发送给服务器。

使用隐藏域，可以预设某些传递的信息。表示该输入项是一个文件输入框，用户可以在文件输入框的内部填写自己硬盘中的文件路径，然后通过表单上传。其基本 HTML 代码格式为

```
<input type="hidden" value="…" name="…">
```

2.4.2 表单数据的传递过程

1．表单构成的三要素

一个最简单的表单必须具有以下三部分内容。

（1）<form>标记，没有它表单中的数据不知道提交到哪里去，并且不能确定表单的范围。

（2）至少有一个输入域（如 input 文本域或选择框等），这样才能收集到用户的信息，否则没有信息提交给服务器；

（3）提交按钮，没有它表单中的信息无法提交。

2．表单向服务器提交的信息内容

查看百度首页表单的源代码，这算是一个最简单的表单。它的源代码如下，可以看到它具有上述的表单三要素，因此是一个完整的表单。

```
<form name=f action=s>
  <input type=text name=wd id=kw size=42 maxlength=100>
  <input type=submit value=百度一下 name=sb>…
</form>
```

当单击表单的"提交"按钮后，表单将向服务器发送表单中填写的信息，发送形式是各个表单元素的元素名与元素值对，例如：在百度搜索表单中的 wd 文本域中，输入"form"，在发送的的内容就是"wd=form&sb=百度一下"。

四、任务实施

◐ 步骤1 整体构架

在 Dreamweaver 软件中，使用表格制作整体页面布局。在"常用"工具栏中，单击"表格"按钮，打开表格对话框。插入一个三行两列的表格，并设置表格的边框为1，表格的边距设置为5，设置对齐方式为居中对齐，表格的宽度为90%，设置如图2-4-5所示。

◐ 步骤2 制作登录页头部

（1）设置制作完成的表格，第一行第一列单元格的对齐方式为居中对齐；在单元格中插入雅虎Logo。

（2）设置表格中第一行第二列单元格的对齐方式为居中对齐；在单元格中输入"雅虎首页"与"帮助"的超链接，设置超链接的地址为空"#"。

◐ 步骤3 制作标题文字

在制作完成的表格的第二行第一列单元格中，输入二号标题文字，并在标题文字下面输入文字内容。

◐ 步骤4 登录表单的布局

（1）在表格的第二行第二列中，插入一个新的表格，表格设置为1行1列。设置表格的宽度为100%；内嵌的表格的边框为1像素，内嵌表格的边距为5像素。

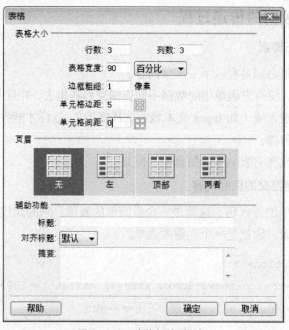

图2-4-5 表格新建对话框

（2）将光标定位在内嵌表格的单元格中，在 Dreamweaver 中单击"表单"工具栏中的第一个"表单"按钮，在内嵌表格的单元格中插入一个表单，设置表单属性如图2-4-6所示。

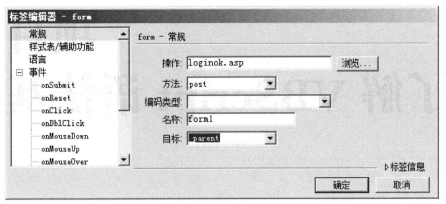

图 2-4-6　标签编辑器

（3）在表单中插入一张 8 行 2 列的表格，设置表格的宽度为 100%，边框粗细、单元格间距设置为 0，单元格边距设置为 5。

◯ **步骤 5　插入表单元素**

在各单元格内分别插入对应的文本及表单元素，完成表单页面制作，如图 2-4-7 所示。

◯ **步骤 6　制作服务条款与隐私权**

选中最外层表格的最后一行，单击属性面板中的"合并所选单元格，使用跨度"按钮，合并最后一行，并设置文本对齐为居中对齐。

经过上面的操作，最终实现的效果如图 2-4-1 所示。

图 2-4-7　表单完成效果

PART 3 项目三 了解 VBScript 语法基础

项目背景

HTML 只是由一对对标签,告诉浏览器如何显示内容。为了让网页具有动态的效果,就需要脚本(Script)语言来组织。Web 编程中常用的脚本有 JavaScript、VBScript 等,JavaScript 常用于浏览器端,VBScript 多用于服务器端。

本项目学习 ASP 的基本语法及其简单应用,ASP 属性动态网页技术,是运行在服务器端,有时也把针对客户端的网页设计称为 Web 前端开发,而把开发服务器端的程序称为后台编程。

- 任务一　计算圆的周长和面积
- 任务二　显示提交个人资料
- 任务三　编制网络问候语
- 任务四　九九乘法表制作

技术导读

本项目技术重点:
- 在 ASP 里使用 VBScript 编写动态网页
- 了解 VBScript 的基础方法
- 如何输出数据并在网页中显示
- 会使用分支结构和循环结构编写程序

3.1 任务一 计算圆的周长和面积

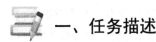

一、任务描述

在网页中填写圆的半径，提交后通过 ASP 程序，计算圆的周长和面积，并显示在页面中。完成效果如图 3-1-1 所示。

图 3-1-1 计算圆周长与面积

二、任务分析

编程语言可以实现众多开发者所可能需要的功能，小到一个简单的计算公式，大到一个复杂的程序逻辑，都会涉及数据类型和常量、变量的定义。本项目主要学习有关 VBScript 语言的数据类型和常量、变量的定义。

三、知识准备

3.1.1 VBScript 基本概念

Microsoft Visual Basic Scripting Edition 开发语言是 Visual Basic 家族最新成员，它是 Visual Basic 的一个子集，编程方法和 Visual Basic 基本相同。

ASP 编写的动态网页在很大程序上依赖于脚本语言，最常用的脚本语言是 VBScript 和 JavaScript，习惯做法是：客户端采用 JavaScript 脚本，服务器端采用 VBScript 脚本。

一个 ASP 文件包含 HTML 标记、VBScript 脚本语言的代码、ASP 语法等内容，现在以一个简单的 ASP 文件来介绍 ASP 文件结构。

示例 1：

```
<%@language="VBScript"%>
<html> <head>
<title>我的第一个脚本</title>
</head>
<body>
<%
  For i=1 to 6 输入标题字号
    response.write("<h"&i&">"&i&"号标题文字"&"</h"&i&">")
  next
%>
</body></html>
```

使用 <%@language="VBScript"%> 标记来指定 ASP 中默认使用的脚本语言,必须放在当前网页的开头。在所有其他代码之前,通过此语句设置的脚本语言将在当前网页中生效。

如无特别指定,在网页代码中"<%"和"%>"之间出现的代码,默认脚本语言为 VBScript,包含在网页中的 ASP 程序,以"<%"开始,"%>"结束,整个脚本代码块嵌入 HTML 代码中,具体嵌入位置可以在 HTML 文档头部(<head>…</head>)、文档主体(<body>…</body>)或其他位置。

3.1.2 VBScript 的数据类型

VBScript 只有一种数据类型,称为 Variant。Variant 是一种特殊的数据类型,根据使用的方式,它可以包含不同类别的信息,它也是 VBScript 中所有函数的返回值的数据类型。最简单的 Variant 可以包含数字或字符串信息。Variant 用于数字上下文时,作为数字处理;用于字符串上下文时,作为字符串处理。

除简单数字或字符串以外,Variant 还可以进一步区分数值信息的特定含义。如使用数值信息表示日期或时间。此类数据在与其他日期或时间数据一起使用时,结果也表示为日期或时间。大多数情况下,可将所需数据放进 Variant 中,而 Variant 也会按照最适用包含数据方式进行操作。Variant 包含的数据子类型见表 3-1。

表 3-1 Variant 包含的数据子类型

子类型	描述
Empty	未初始化 Variant。对于数值变量值为 0; 对于字符串变量,值为零长度字符串 ("")
Null	不包含任何有效数据 Variant
Boolean	包含 True 或 False
Byte	包含 0~255 的整数
Integer	包含 -32 768~32 767 的整数
Currency	-922 337 203 685 477.580 8~922 337 203 685 477.580 7
Long	包含 -2 147 483 648~2 147 483 647 的整数
Single	包含单精度浮点数,负数范围从 -3.402823E38 ~ -1.401298E-45,正数范围从 1.401298E-45~3.402823E38
Double	包含双精度浮点数,负数范围从 -1.79769313486232E308~ -4.94065645841247E-324,正数范围从 4.94065645841247E-324~1.79769313486232E308
Date (Time)	包含表示日期的数字,日期范围从公元 100 年 1 月 1 日到公元 9999 年 12 月 31 日
String	包含变长字符串,最大长度可为 20 亿个字符
Object	包含对象
Error	包含错误号

3.1.3 VBScript 常量

常量是在程序执行期间其值不发生改变的量。VBScript 常量一般分为两种:即普通常量

(又称文字常量)和符号常量。前者无需定义即可在程序中使用，后者则要用 const 语句加以声明才能使用，如定义符号常量 MyString 和 MyAge 的基本语法为

```
const MyString = "这是一个字符串。"
const MyAge = 49
```

日期和时间常量包含在两个井号(#)之间，如：#7-3-2011#。

VBScript 中有不少系统常量，可以直接使用，见表 3-2 列举了一些常用系统常量。

表 3-2 常用的系统常量

常量	含义
Empty	未初始化的变量值
Null	不含有效数据
True	逻辑值，真
false	逻辑值，假
vbCrLf	操作符，回车、换行
nothing	当 Nothing 被赋值给一个对象变量时,该变量不再引用任何实际对象

示例 2：

```
<%@language="VBScript"%>
<html>
<head>
<title>常量的定义</title>
</head>
<body>
<%
  Const PI=3.14159 '声明一个常量，一般用大写表示，以便和变量区分开
  Const R=5
  S=PI*R*R
  Response.write(s)
%>
</body>
</html>
```

3.1.4 VBScript 变量

变量是一种使用方便的占位符，用于引用计算机内存地址，该地址可以存储脚本运行时可更改的程序信息。如创建一个名为 ClickCount 变量，来存储用户单击 Web 页面上某个对象次数。

使用变量并不需要了解变量在计算机内存中的地址，只要通过变量名引用变量，就可以

查看或更改变量值。

1．变量的类型

在 VBScript 中只有一个基本数据类型，即 Variant。因此所有变量的数据类型都是 Variant，例如：

```
Dim width,str,myTime   '声明了三个变量
Width=200
Str="正方形的和"
myTime=#2014-6-1#
```

2．变量命名规则

变量命名必须遵循 VBScript 的标准命名规则。变量命名必须遵循如下原则。

（1）第一个字符必须是字母。

（2）不能包含嵌入的句点。

（3）长度不能超过 255 个字符。实际上，为了便于输入，变量名所用字符应少于 32 个。

（4）在被声明的作用域内必须唯一。也就是说，如果在一个过程中给一个变量命名为 age，那么在此过程中就不能再有另一个变量被命名为 age。当然，在不同的过程中可以用同一名称给不同变量命名。

如 x、y、btn123 都是合法的变量名。2x、a.b 都是不合法的变量名。

VBScript 有个比较宽松的编码环境，在 VBScript 中不区分字母大小写，所以 BUT、But 和 but 都是同一变量。变量在使用前可以声明，也可以不声明就直接使用。

3．声明变量

声明变量的一种方式是使用 Dim 语句、Public 语句和 Private 语句，在脚本中显式声明变量，如 Dim x 。

声明多个变量时，使用逗号分隔变量。例如：Dim n,m,Left,Right。

VBScript 也可以事先不声明而直接使用一个变量，变量的类型由赋给它的值的类型来决定，这种方式称为隐式声明变量。这通常不是一个好习惯，因为这样有时会由于变量名被拼错而导致在运行脚本时出现意外的结果。因此，最好将 Option Explicit 语句作为脚本第一条语句，表示必须显式声明所有变量。

4．在程序中使用变量

在程序中可以通过给变量赋值的方法来使用变量。按照变量在表达式左边，要赋的值在表达式右边的形式给变量赋值，例如示例 3，计算 1 至 1 000 中所有偶数的和。

示例 3：

```
<%@language="VBScript"%>
<html><head>
<title>在程序中使用变量</title>
</head>
<body><%
```

```
 Dim s,i,m
  S=0
For i=1 to 1000
   If( I mod 2 =0) then s=s+i
Next
  Response.write(s)
%></body></html>
```

3.1.5　VBScript 运算符和表达式

运算是对数据进行加工的过程。描述各种不同运算的符号称为运算符。在 VBScript 中运算符有：算术运算符、比较运算符、字符串连接运算符和逻辑运算符。

1．算术运算符

VBScript 有 7 个算术运算符，见表 3-3。

表 3-3　算术运算符

符　号	描　述	表达式举例
+	加	3+5
−	减	5−2
*	乘	3*5
/	除	12/5
\	整除	13\5　（结果为 2）
^	乘方	2^3　（结果为 8）
Mod	求余	13 mod 5　（结果为 3）

算术运算时，优先级顺序为：先 *、/、\，然后 mod，最后 +、−。下面举例说明算术运算符的使用方法。

示例 4，一个圆的半径为 3cm，编程计算圆面积。

```
<%@language="VBScript"%>
<html><head>
<title>计算圆面积</title>
</head>
<body>
<%
  dim r,pi,area
  r=3
  pi=3.1416
area=pi*r*r
  response.write area
```

```
%> </body>
</html>
```

程序运行结果如图 3-1-2 所示。

图 3-1-2　计算圆面积

2．比较运算符

VBScript 有 7 个比较运算符，用于比较表达式。比较运算结果为逻辑值，见表 3-4。

表 3-4　比较运算符

符　　号	描　　述	表达式举例	
=	等于	3=2	（结果为 false）
>	大于	5>3	（结果为 true）
<	小于	5<3	（结果为 false）
>=	大于等于	5>=3	（结果为 true）
<=	小于等于	5<=3	（结果为 false）
<>	不等于	5<>3	（结果为 true）
Is	用于对象		

比较运算常用于选择或循环语句的条件，运算结果都是逻辑值真(true)或假(false)。

示例 5：计算表达式 3=2 的值。

```
<%@language="VBScript"%>
<html><head>
  <title>比较运算</title>
</head>
<body>
<%  Response.write (3=2)  %>
</body>
</html>
```

运行结果如图 3-1-3。

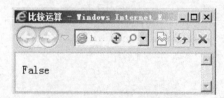

图 3-1-3　比较运算符示例

3. 字符串连接运算符

VBScript 用于字符串连接的运算符有两个："&"和"+"。其中："&"可以将两个字符串连接成一个字符串。如："海到天边" & "天作岸"，连接后为"海到天边天作岸"。

如果在连接符"&"一侧不是字符类型数据，而"&"连接运算符会自动将其转化成字符型，然后再连接。如 "学习成绩为" & 95，连接结果为"学习成绩为 95"。

而"+"则只能将两个字符型数据连接起来，不能将不是字符型的数据连接。如："学习成绩为" + 95，系统会出现错误信息，如图 3-1-4 所示。

图 3-1-4 连接运算符报错信息

4. 逻辑运算符

VBScript 提供的逻辑运算符共有 4 个，见表 3-5。

表 3-5 逻辑运算符

符 号	描 述	表达式举例
And	与	(5>3) and (3<5) （结果为 true）
Or	或	(4>0) or (4>3) （结果为 true）
Not	非	Not(4>3) （结果为 false）
Xor	异或	(4>3) xor (3<5) （结果为 false）

四、任务实施

⊃ 步骤 1 创建半径输入页面

打开 Dreamweaver 软件，新建一个 HTML 页面。在页面上，按照上一项目单元制作过程，加入 form 表单：输入框用来输入圆的半径；action 设置为完成计算的 ASP 脚本文件名 calcuate.asp；输入半径的文本框 name 属性值为 cal，制作完成效果如图 3-1-5 所示。

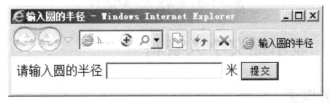

图 3-1-5 输入圆半径

在指定的位置输入代码如下。

```
<form id="form1" name="form1" method="get" action="calculate.asp">
  <label>请输入圆的半径</label>
  <label for="cal"></label>
  <input type="text" name="cal" id="cal" /> 米
  <input type="submit" name="button" id="button" value="提交" />
</form>
```

◯ 步骤2 新建 ASP 文件

再打开 Dreamweaver 软件，新建一个 ASP 动态页面，命名为 calculate.asp。
输入如下代码内容。

```
<%
    const PI=3.1415926
    dim girth,area,r
    r=request("cal")      '读取提交的表单信息 即文本框 cal 的值
    girth=2*PI*r          '计算圆的周长
    area=PI*r*r           '计算圆的面积
    response.write("半径为"&r&"米的圆的周长是"&girth&"米")
    response.write("<br/>")   '在页面中输出回车换行
    response.write("半径为"&r&"米的圆的面积是"&area&"平方米")
%>
```

◯ 步骤3 输出计算结果

浏览表单页面，输入半径值，提交表单；calculate.asp 页面接收表单提交的半径参数，执行程序代码，输出结果如图 3-1-6 所示。

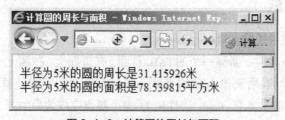

图 3-1-6 计算圆的周长与面积

3.2 任务二 显示提交个人资料

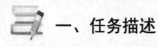 一、任务描述

某 SNS 网站注册后，需要填写个人资料，在表单中填写指定的个人信息，并且提交给服务器。ASP 根据提交的信息返回并显示已提交的个人信息，完成效果如图 3-2-1 所示。

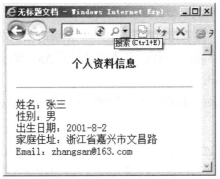

图 3-2-1　个人资料信息

二、任务分析

如何使用 ASP 从 HTML 表单中获得提交的信息是学习 ASP 过程中必须掌握的技能之一。而从服务器读取的信息正确地写入 HTML 代码中，是了解 HTML 和 ASP 编程的关键，本任务通过收集提交个人资料案例，学习 ASP 中的读取与写入 HTML 文档的方法。

三、知识准备

在互联网日新月异的今天，各式各样的网站每天都以不同的形式向人们展现各种信息。如人们经常浏览新闻、论坛帖子、网上购物产品、网上博客、根据不同时间显示的问候语等，这些内容都是使用程序，动态输出数据并显示在网页上，那么用程序是如何实现的呢？

在 VBScript 中使用 Response.write 方法输出数据。从前面示例中可以看出，使用 Response.write 方法并不是将数据直接显示在网页上，而是输出到 HTML 代码中。

示例 1 就是把当前系统时间和一张图片，显示到网页上。

```
<table width="100%" border="0" cellspacing="0" cellpadding="0">
 <%
    dim myTime,path
 myTime=now()
 path="../images/ch3_5.jpg"
  %>
  <tr>
  <td align="center"><%response.write("现在是："&myTime)%></td>
  </tr><tr>
  <td align="center"><img src="<%response.Write(path)%> "/></td>
  </tr>
</table>
```

其中：

● 程序块 <%和%> 中前三行声明两个变量，并为两个变量赋值；

- 函数 now( )读取得当前的系统时间；
- 在 HTML 代码的第一行单元格中，输出当前系统时间，字符串 "现在是："放在双引号中，第二行单元格中插入图片，图片路径则是 ASP 程序使用 Response.write 方法在浏览器上显示变量 path 值。

此外，"<%Response.write(path)%>" 也可写成 "<%Response.write path %>"，括号可省略。运行结果如图 3-2-2 所示。

图 3-2-2　演示使用 Response.write 输出 HTML

使用 Response.write 方法输出的数据类型，包括字符、字符串和整数。若输出的数据是字符串，字符串前后必须使用双引号，将字符串括起来。当输出字符串时，字符串不能包含 "%>" 和双引号，否则发生歧义。如需要在网页中输出这两个字符，使用特殊字符替换，用 "%\>" 替换 "%>"，用一个双引号替换 """。如：

```
< % Response.write("<table width=100% >") % >
```

以上代码输出结果为< table width=100% > 。

当使用 Response.write 方法输出的是变量、日期、时间时，不能使用双引号，如本例中输出的变量并不在双引号中。本例中的输出时间也可以这样写：

```
< %Response.write now( )% >
```

如果<%和%>之间只有一行Response.write expression 语句，即<%Response.write expression %>，那么也可写成另一种简略写法：<%=expression%>。

本例中显示时间和图片路径可以写成：

```
< %=myTime%>和<img src="<%=path%>" />。
```

四、任务实施

◯ 步骤 1　创建个人资料输入页

打开 Dreamweaver 软件，新建一个 HTML 页面。如上一项目所示，新建一个表单。其中：action 设置为负责接收处理个人资料 ASP 脚本名称的页面，如图 3-2-3 所示。

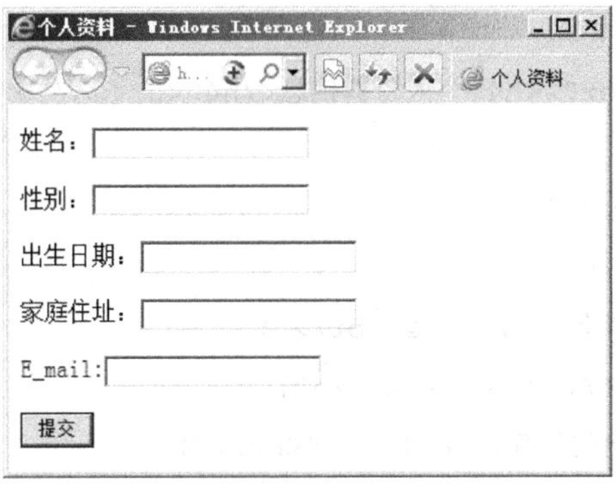

图 3-2-3 制作个人资料收集表单

制作完成表单页面后，在指定的位置输入代码如下。

```html
<form id="form1" name="form1" method="post" action="myinfo.asp">
  <p>姓名：<input type="text" name="name" id="name" />  </p>
  <p>性别：<input type="text" name="sex" id="sex" />  </p>
  <p>出生日期：<input type="text" name="birth" id="birth" /> </p>
  <p>家庭住址：<input type="text" name="address" id="address" /></p>
  <p>E_mail:<input type="text" name="email" id="email" /></p>
  <p><input type="submit" name="btn" id="btn" value="提交" /></p>
</form>
```

○ 步骤 2 创建用以处理表单提交信息文档

打开 Dreamweaver 软件，新建一个 ASP 文档，用以编写处理表单提交的 ASP 脚本，并命名为 myinfo.asp。

○ 步骤 3 编写显示个人资料 HTML

在 myinfo.asp 文档中，首先编写静态文本代码，在编写 HTML 代码时，要充分考虑 ASP 文档的动态生成方式，HTML 要服务于 ASP 脚本的生成。

○ 步骤 4 在 HTML 中嵌入 ASP 代码

在 myinfo.asp 文档中，编写好 HTML 后，插入动态脚本代码，读取并显示表单提交的个人资料信息。任务完整代码如下。

```asp
<body>
<%
name=request("name")
sex=request("sex")
birth=request("birth")
address=request("address")
email=request("email")
%>
<table width="100%" border="0" cellspacing="0" cellpadding="5">
```

```
  <tr>
    <td align="center"><h4>个人资料信息</h4><hr/></td>
  </tr>
  <tr><td align="left">
  <%
  response.write("姓名："&name&"<br/>")
  response.write("性别："&sex&"<br/>")
  response.write("出生日期："&birth&"<br/>")
  response.write("家庭住址："&address&"<br/>")
  response.write("Email: "&email)
  %>
  </td>
  </tr>
</table>
</body>
```

3.3 任务三 制作网络问候语

一、任务描述

许多网站上都显示有日期和时间，并且会根据访问者打开页面时间的不同，而显示不同的问候语，下面用 If 语句模拟这种效果，以根据不同时间显示不同问候语，如图 3-3-1 所示。

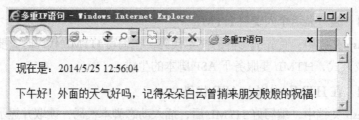

图 3-3-1 根据不同时间显示不同问候语

二、任务分析

根据访问者打开页面的系统时间作为判断：打开的时间不同，显示不同的问候语，这是一个典型的多重选择语句。可利用多重选择语句 If…else…End if 语句，来实现分时问候功能。

三、知识准备

3.3.1 VBScript 程序流程控制

任何一种算法语言，都有三种程序结构：顺序结构、选择结构、循环结构。VBScript 也不例外。在 ASP 中，常用的控制结构语句如下。

- 顺序结构：按照程序的先后指令顺序执行。
- 选择结构：根据给定的条件进行判断，由判断的结果确定下一步的执行。
- 循环结构：在条件成立的范围内，重复的执行。

3.3.2 选择结构语句

使用选择结构可以编写进行判断操作的 VBScript 代码。在 VBScript 中常见的条件语句有：
- If… Then …Else 语句
- Slect　Case 语句

1．If… Then …Else 语句

该语句的最简单的 If 语句是基础分支选择执行结构，执行过程如图 3-3-2 所示。

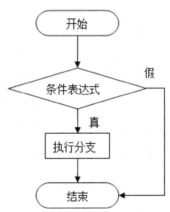

图 3-3-2　If 基础结构流程图

其基本的语法格式为

```
If  条件  Then  执行分支语句
```

结构复杂的"If…Then…Else"是在简单 If 语句基础上的变化，其执行过程如图 3-3-3 所示。

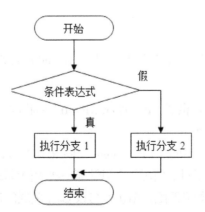

图 3-3-3　If…Then…Else 结构流程图

其基本的语法格式为

```
If 条件 Then
    执行分支 1
Else
    执行分支 2
End if
```

而最为复杂的多重 If 结构，增加了多重的选择，执行的过程如图 3-3-4 所示。

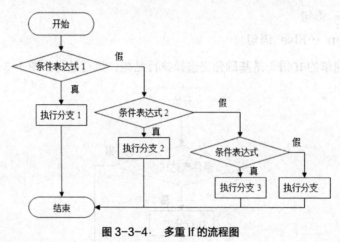

图 3-3-4　多重 If 的流程图

其基本的语法格式为

```
If 条件 1 Then
    语句 1
Elseif 条件 2 Then
    语句 2
    ...
Else
    其他语句
End if
```

请注意空格的使用。在 elseif 关键字中无空格，在 end if 关键字中有空格。

2．Select Case 语句

"Select Case"选择结构提供了"If…Then…ElseIf"结构的一个变通形式，可以从多个语句块中，选择执行其中一个。

"Select Case"语句提供的功能与 If…Then…Else 语句类似，但代码更加简练易读。

"Select Case"结构在开始处，使用一个只计算一次的简单测试表达式。表达式结果将与结构中的每个 Case 值比较。如果匹配，则执行与该 Case 关联的语句。Select Case 的语法为

```
Select case 测试条件
Case 表达式 1
    语句 1
```

```
...
Case 表达式 n
    语句 n
Case else
    语句 n+1
end select
```

很多网站都在网页上显示日期和星期，显示星期的程序经常用到 Select Case 语句，下面示例使用 Select Case 语句控制结构。

```
<%
Dim myweek,week
myWeek=weekday(Date())
Select Case myWeek
  Case 1
    week="星期日"
  Case 2
    week="星期一"
  Case 3
    week="星期二"
  Case 4
    week="星期三"
  Case 5
    week="星期四"
  Case 6
    week="星期五"
  Case else
    week="星期六"
end Select
Response.write "今天是："&week
%>
```

四、任务实施

◯ 步骤 1　创建一个 ASP 文档

◯ 步骤 2　定义变量，用来保存当前系统时间的小时部分

◯ 步骤 3　通过 Time( ) 内置函数，获取当前系统的时间，并通过 Hour( ) 内置函数来提取小时部分

- 步骤 4 使用多重 If 语句判断当前时间,执行相应的问候句
- 步骤 5 输出当前系统时间及问候语

代码如下。

```
<%
  Dim hr
  hr=Hour(time())
  if(hr<=d) then
     str="深夜了,注意身体,该休息了,白天再做吧!"
  elseif(hr<12) then
     str="上午好,又是美好的一天!"
  elseif(hr<18) then
     str="下午好!外面的天气好吗,记得朵朵白云曾捎来朋友殷殷的祝福!"
  else
     str="这么晚了,还要上网?洗洗睡吧!但愿不会影响您明天的工作!"
  end if
  response.write("现在是:"&now()&"<br/><br/>"&str)
%>
```

3.4 任务四 九九乘法表制作

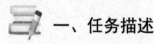、任务描述

编写代码实现乘法表,即从数字 1 一直到数字 9 的结果,一次显示,其运行效果如图 3-4-1 所示。

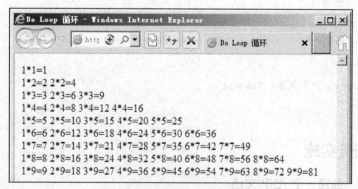

图 3-4-1 Do Loop 循环语句

、任务分析

从图 3-4-1 中可以看出,如果要用手工编写,至少要做 81 次乘法计算,才能完成以上的

效果。而用循环则可以简化程序的录入，通过两层循环就可以完全做到输出一个9乘9的乘法口诀表，可以大大简化程序结构，减少录入的工作量。

三、知识准备

VBScript提供了多种循环结构语句：For…next(For循环或计数循环)、While…Wend(当循环)、Do…Loop(Do循环)等几种类型循环语句。

1. For循环

当事先知道循环次数时，使用for循环比较方便。因为循环变量本身可以做计数器使用。其基本的语法格式：

```
For 变量=初值 to 循环条件 step=步长
    循环体；
next
```

在for循环中，不可轻视next的作用。For语句只是定义循环的变量、起始值和步长。真正循环起来起主要作用的是next。next有两个作用：循环变量加1步长，然后与终值比较；若不超过终值则继续循环，若超过终值则退出循环。也就是说，当循环起来后，程序主要在循环体和next之间循环，不再经过for语句。

示例1演示用for循环语句编程，输出1~7号字符串"江山如此多娇"。代码如下。

```
<%
for i=1 to 7
    document.write("<font size="& i &">江山如此多娇"+"</font><br>")
next
%>
```

程序执行结果如图3-4-2所示。

图3-4-2　FOR NEXT循环

本例中输出语句是：Response.write()，这是文档对象的写方法。它可以向浏览器输出一个字符串，该字符串中包括普通字符、HTML标记，也可以包括变量。浏览器会自动识别并执行其中的HTML标记。

要注意字符串表达式写法，如本例中的字符串："<font size="&i&">江山如此多娇"+"</font>
"，由2个"&"和1个"+"号，将4部分内容连接成一个完整字符串。因为循环变量 i 是数字型，与字符串连接必须用"&"，"&"将运算符两边数据类型先转换为字符型，然后再连接。

2．While 循环

当对循环次数不是很明确时，可以使用 While 循环。当然，for 语句能做到，While 语句也都能做到。其基本的语法格式为

```
While 循环条件
    循环体；
Wend
```

示例2 使用 while 循环语句编程，用1～7号字输出字符串"江山如此多娇"。

```
<%
i=1
while i<=7
    response.write("<font size="& i &">江山如此多娇"+"</font><br>")
    i=i+1
wend
%>
</body>
</html>
```

程序执行结果如图 3-4-3 所示。

图 3-4-3　While Wend 循环

3．Do …Loop 循环

如果把循环条件放在后边，也就是说先循环，然后再判断是否继续循环，这时可以用 Do…Loop 循环。其基本的语法格式：

```
Do
    循环体；
Loop while(循环条件)
```

示例 3 演示用 Do…Loop 循环，实现 1~7 号字显示字符串"江山如此多娇"。

```
<%
i=1
do
    Response.write("<font size=" & i & ">江山如此多娇"+"</font><br>")
    i=i+1
loop while i<=7
%>
```

程序执行结果如图 3-4-4 所示。

图 3-4-4 Do…Loop 循环

 四、任务实施

● 步骤 1 编写外部循环，循环变量从 1 循环到 9，步长设定为默认值

● 步骤 2 编写内部循环，循环变量从 1 循环到外部循环值

● 步骤 3 使用 Response.write 输出乘法表，使用特殊符"	"（HTML 语言的 Tab 键）控制输出列

● 步骤 4 在外部循环中使用 Response.write 输出
标记

基本的控制代码如下。

```
<%
    for i=1 to 9
        for j=1 to i
    response.write(j&"*"&i&"="&i*j&"&#9; ")
```

```
   next
   Response.write("<br/>")
   next
%>
```

PART 4 项目四 应用 ASP 函数

项目背景

对于复杂的程序，结构化程序设计就是对一个复杂的问题采用"分而治之"的策略——模块化，把一个较大的程序划分成若干个模块，每个模块只完成一个或者若干个功能。VBScript 编写脚本同制造汽车的原理差不多，汽车厂主车间制造汽车的主体部件，像车轮这样的部件，就会让一些小车间完成，当汽车组装时，只需要获取小车间的小部件就可以。在这里 VBScript 编写 ASP 的主体程序像是汽车厂主车间的生产线，而函数就像小车间一样，当 VBScript 需要对数据进行格式化时，直接将任务发送给函数，取回格式化的操作结果即可。

ASP 的过程和函数也是如此，把固定的功能编写成独立的代码模块，每个过程完成一个具体特定的任务。使用"过程"和函数不仅是实现结构化程序设计思想的重要方法，而且是避免代码重复，便于程序调试维护的一个重要手段。

- 任务一 验证手机号码
- 任务二 邮箱登录页面制作
- 任务三 日期的汉化与个性化的问候

技术导读

本项目技术重点：
- 掌握 ASP 自定义过程和函数的方法
- 理解过程和函数的区别
- 会使用 ASP 中的常用字符串函数
- 会使用 ASP 中常用的日期型函数
- 会使用 ASP 中常用的类型转换函数

4.1 任务一 验证手机号码

一、任务描述

很多网站上,使用手机号就可以登录网站,本案例可以验证用户输入的手机号是否是一个有效的手机号码。

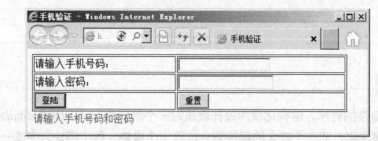

图 4-1-1 手机验证页面

二、任务分析

对于手机号来说,要符合如下几个特征才可以判定它是一个合法的手机号码:(1)输入的手机号码必须是一个数字;(2)输入的手机号码必须是 11 位;(3)手机号码的开头必须是 13、15、18。以自定义方式编写一个手机验证用户程序,解决验证用户的手机号有效功能。

三、知识准备

4.1.1 VBScript 过程和函数

在 VBScript 中,过程被分为两类:Sub 子过程和 Function 函数。

过程和函数可以被理解为用于执行某一特定功能的独立代码段,如 Abs()函数用于求指定参数的绝对值,Cint()函数用于求指定参数的四舍五入的结果等,这些常用的函数都是 VBScript 写好的代码段,方便人们平时使用,调用即可。

但在实际编写代码的过程中,VBScript 不可能帮人们写好所有的过程和函数,人们往往有根据特定的功能需要而自己编写的过程和函数,这就是自定义过程和函数。

Sub 子过程的格式为:

```
Sub 子过程名称 ([形式参数])
    [过程内的代码]
End Sub
```

调用过程格式:

```
Call <子过程名称>[ ([实际参数]) ]
```

Sub 过程名([形式参数]),这里的形式参数如果有多个,那么参数之间用逗号分隔,Sub 过程没有返回值,也就是说 Sub 过程只完成一些特殊功能而已,当需要有输出的时候,需要有 ASP 程序来配合。Sub 过程常用来对程序中数据的输出做流程处理或对数据做一些特殊的格式化。比如，希望对一些数据做增倍处理时，因为 ASP 的函数中没有可以完成这样特殊任务的函数，所以 Sub 过程就派上用场了。Sub 过程的结构如示例 1 的代码所示。

示例 1：

```
Dim a,b
a=4
b=4
Response.write("调用过程之前 a="&a&" ; b="&b)
Call argTest (a , b)                    '调用过程
Response.write( a,b)  "<br/>"
Response.write("调用过程之后 a="&a&" ; b="&b)
Sub argTest(argVal,byval argRef)  '定义过程
   argVal=2*argVal
   argRef=2*argRef
end sub
```

代码解释：Sub argTest(argVal,byval argRef)代码中的 byval 表示为传值参数，后面 argRef 表示为引用参数，这里省略了 byRef 引用参数会对实际参数产生变化，而传值参数对实际参数不会产生影响，如果希望此变量也增倍，则删除此限制；前面的变量没有限制，则会增倍。

Function 函数的格式为

```
Function<函数名><([形式参数])>
    [函数内的代码]
End Function
```
调用函数格式：
`<函数名>[ ([实际参数]) ]`

所谓函数是指实现某一特定功能的小程序段，与函数密切相关的两个概念是参数和返回值，如果把函数比作一个车间，参数就是原材料，而返回值就是产品。参数是要传递给函数进行处理的数据，返回值是函数对给定数据的处理结果。

下面看一个函数应用的案例，本案例通过用户在一个下拉列表中选择不同的颜色值，并由函数获取相应的颜色值，完成一个改变文字颜色的功能。下拉列表的 HTML 代码如下。

```
<form action=" " method="post">
    <table cellpadding="3" cellspacing="0" bordercolor="#CC0000" class="heiti">
      <tr>
        <td> </td>
        <td align="center" valign="bottom">红</td>
        <td align="center" valign="bottom">绿</td>
```

```html
          <td align="center" valign="bottom">蓝</td>
        </tr>
        <tr> </tr>
        <tr>
          <td>字体颜色:</td>
          <td><select name="textRed">
            <option><%= Request.Form("textRed") %></option>
            <option>00</option>
            <option>33</option>
            ……
          </select> </td>
          <td><select name="textGreen">
            <option><%= Request.Form("textGreen") %></option>
            <option>00</option>
            <option>33</option>
            ……
          </select> </td>
          <td><select name="textBlue">
            <option><%= Request.Form("textBlue") %></option>
            <option>00</option>
            <option>33</option>
            ……
          </select> </td>
        </tr>
     </table>
     <input type="submit" class="btn" value="显示效果" />
   </form>
```

HTML 代码的效果如图 4-1-2 所示。

图 4-1-2　变色文字页面

4.1.2 函数在 ASP 中如何调用

函数一般应用于网页的<head>标签之间,并在需要显示的位置调用,也可以将函数应用到<body>标签中,直接输出。有三种方法可以把编写好的函数、过程在网页中调用,分别是直接调用、Call 语句调用和事件触发调用(比如:onClick 事件、onSubmit 事件等)。

1. 直接调用

直接调用常用于函数,ASP 内置函数就是用此方法调用的,即直接将调用的函数应用在网页的相应位置,Function 函数也常使用这种方法调用,Sub 过程虽然没有返回值,不过,和 ASP 的输出语句配合,也可以直接调用,也就是说这是一种通用的调用方法。看一下代码:

```
<%response.write Date( )%>
```

这是对 ASP 内置函数的调用,本章大部分函数都是这样的内置函数。下面看一个自定义函数——Function 函数的直接调用的结构,代码如下。

```
<%
function checkTime()
  dim nowTime
  nowTime=Hour(now())
  if nowTime>0 and nowTime <12 then
    response.write ("上午好")
   elseif nowTime>12 and nowTime<18 then
  response.write ("下午好")
else
  response.Write("晚上好")
end if
end function
%>
...
<%=checkTime()%>
```

2. Call 语句调用

Call 语句是调用函数和过程很灵活的方法,当需要调用时使用 Call 语句就可以,下面看一个 Call 语句调用 Sub 过程的结构,代码如下。

```
<%
Sub  CheckLogin()
    Dim user
    dim pwd
    user=Request.Form("username")
    pwd=Request.Form("password")
```

```
        if user= "" and pwd= "" Then
            Response.Write("请输入用户名和密码！")
        Elseif user="jvName" Then
            If pwd="jvPass" Then
                Response.Write("用户登录成功！")
            Else
                Response.Write("请输入正确的密码！")
            End If
        Else
            Response.Write("请输入正确的登陆名！")
        End If
End Sub
%>
<span class="hello"><%Call CheckLogin()%></span>
```

HTML 页面效果对比如图 4-1-3 和图 4-1-4 所示。

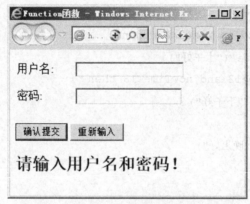

图 4-1-3　自定义函数

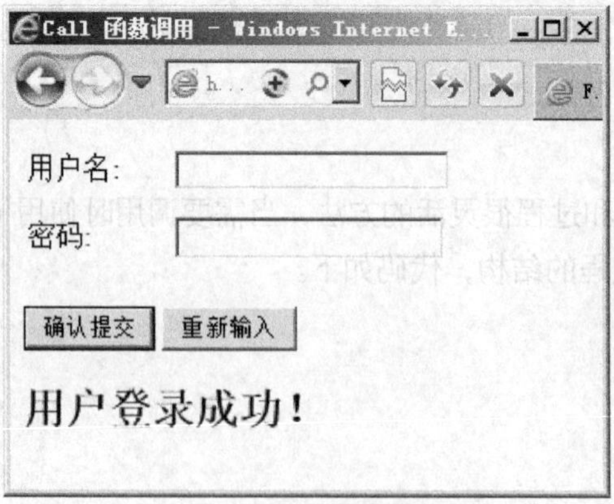

图 4-1-4　函数调用页面

3. 用事件触发器调用

事件触发器调用对于函数和 Sub 过程都有应用,这是在网页制作中最常见的一种调用方法,用户通过网页上的一些操作触发相应的事件,并调用相应的函数或过程执行某些操作。接下来看一下如何应用事件触发调用,代码如下。

```
<script language="vbscript">
 function toFac()
    Dim Num
num=Document.form1("number").value
num=cint(num)
document.form1("result").value=Fac(num)
 end function
</script>
<form action="" name="form1" method="get" >
  <input type="text" name="number"/>
  <input type="submit" value="计算阶乘" onclick="toFac()" />
</form>
```

Sub 子过程和 Function 函数的区别如下。

Sub 过程和函数都是执行某一特定功能的代码段,但 Sub 子过程无返回值,Function 函数可以有返回值,也可以没有返回值。Function 如果想有返回值的话只需要在 Function 内部把需要返回的值赋给函数名即可。

另外,一般写程序的时候为了方便管理,常把常用的函数放在一个专门的页面,然后通过<!--#include file="存放函数的文件名"-->命令来引用存放函数的文件中的函数。使用该命令的时候要注意把文件第一行的<%@LANGUAGE="VBSCRIPT" CODEPAGE="936"%>给删除掉,因为 include 命令引用另一个页面时实际上已经包含了一个@,@ 命令只能在 Active Server Pages 中使用一次,不然页面会出错。

4.1.3 变量的作用域

变量的作用域就是变量能够起作用的范围,变量的作用域由声明变量的位置决定,在不同位置声明的变量有不同的作用域和不同的存在时间。变量的存在时间又称为变量的存活期,是指变量能够使用的时间范围

一般来说,如果是针对整个程序声明的变量,作用域是整个程序,不论在程序的任何位置都可以使用,而对于某个函数或过程中的变量,其作用域就有局限性,只是在所包含的函数或过程中能使用,出了此范围就不能使用了。

1. 函数中的变量

变量是程序中最活跃的元素,对于函数来讲,也主要是通过变量来实现功能的,函数中的变量也完全是变量,只不过,函数中变量的作用范围是有限的,它的活动范围也只能是这个函数的范围,当函数完成了作用后,函数中的变量也就没有了作用。在 VBScript 中函数中

的变量和 ASP 程序的变量是可以同名的，虽然名称可以相同，意义和使用却不同，这就是下面要讲到的全局变量和局部变量。

2．全局变量和局部变量

变量根据作用域的不同，可以分为全局变量和局部变量，当在一个脚本内声明的变量就是全局变量，这样的变量可以在整个脚本中引用；而在一个函数或过程中声明的变量叫作局部变量，局部变量只作用于当前这个过程中，如下代码反映出全局和局部变量声明位置的不同，看一下变量声明的不同位置，如下代码所示。

```
Dim strGlobal
strGlobal="这是第一个全局变量."
response.write strGlobal&"<br>"
Dim strGlobal2
    strGlobal2="这是第二个全局变量."
    response.write strGlobal2&"<br>"
Call Local
Sub Local()
    Dim strGlobal
    Dim strLocal
        strLocal="这是第一个局部变量."
        strGlobal="这是一个和全局变量同名的局部变量."
        response.write strLocal&"<br>"
        response.write strGlobal&"<br>"
End Sub
response.write strGlobal
```

代码解释：当最后输出 strGlobal 时，得到的结果是"这是一个全局变量"，虽然此变量在函数中已经声明同名局部变量，不过，在此输出时是不起作用的。运行结果如图 4-1-5 所示。

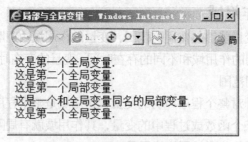

图 4-1-5 局部变量与全局变量

四、任务实施

➲ 步骤 1 制作手机验证的表单，动作设置为空，表单中包含手机号码文本框、密码文本框、提交按钮和重置按钮

● 步骤 2 编写手机验证的自定义函数 CheckTelNum()
● 步骤 3 在手机验证 HTML 页面里调用自定义函数

手机验证 HTML 代码如下。

```
<form name="form1" method="post" action="">
<table width="500" border="1">
  <tr> <td> 请输入手机号码： </td>
 <td><input name="telNum" type="text" class="ipt" /></td>
  </tr>
 <tr> <td>请输入密码： </td>
   <td><input name="password" type="password" class="ipt_pass" /></td>
  </tr>
  <tr><td><input name="submit" type="submit" class="btn" value=" 登录 " /></td>
    <td><input name="reset" type="reset" class="btn" value="重置" /></td>
  </tr></table></form>
<table>
<tr><td><font color="#FF0000"><%=CheckTelNum()%></font></td>
</tr></table>
```

手机验证自定义函数代码如下。

```
<%
'手机号验证
Function CheckTelNum()
    dim a ,b
    a = Trim(Request.Form("telNum"))
    b = Trim(Request.Form("password"))
    If a = "" or b = "" Then
        Response.Write("请输入手机号码和密码")
    Else
        If Not isnumeric(a) Then
            response.Write("手机号码必须为数字")
        Else
            If len(a) <> 11 Then
                Response.Write("手机号码长度必须为11位")
            Else
                If Mid(a,1,2) <> 13 And Mid(a,1,2) <> 15And Mid(a,1,2) <> 18 Then
                    Response.Write("手机号码必须为13或15开头")
```

```
                Else
                    Response.Write("登录成功")
                End If
            End If
        End If
    End If
End Function
%>
```

程序运行结果如图 4-1-6 所示。

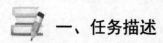

图 4-1-6 手机验证

4.2 任务二 邮箱登录页面制作

一、任务描述

制作登录页面，验证邮箱输入的格式是否正确，完成效果如图 4-2-1 所示。

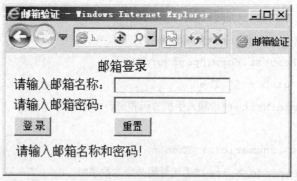

图 4-2-1 邮箱验证页面

二、任务分析

当注册用户时，会用到邮箱的输入并有邮箱回复信息，如果邮箱的格式输入不正确会影响信息的回复。如何验证邮箱的正确性，一般邮箱地址应该包括"@"和"."，邮箱的验证，就是判断所输入的数据是否包含这两个字符串。

三、知识准备

1. Len 函数

Len 函数可以返回一个字符串的长度，Len 函数如果返回 0，说明字符串为空串，否则就是字符串的实际长度值。在程序设计中，一般是用来判断当前输出的字符串长度，如果过长，我们必须截取前面的部分字符，否则就会出现换行或页面变形的情况。

语法格式：Len(string)，string 参数可以是一个字符串常量或字符串变量。

某网站在首页有个"今日新闻"，显示最新的 5 条信息的标题，但它的 table 或 div 宽度，每个标题只允许显示最多 16 个中文。

```
<%
Dim str_left
str_left = " Left 函数可以将字符串从左边取出相应个数的字符。"
If Len str_left) >=16 Then
    Response.Write Left(str_left,16)&"..."
Else
    Response.Write str_left
End if
%>
```

2. Left 函数

Left 函数可以将字符串从左边取出相应个数的字符。此功能常用在截取字符串中，比如：网站首页的新闻栏目中新闻的标题长度可能超出版面的要求，影响了布局，此时，就需要截取标题的一部分文字，以实现版面的整体布局。

语法格式：Left(string,length) string 代表要截取的字符串，length 代表取截取字符的长度。

示例同上。

3. Trim（）函数

Trim()函数的作用是去掉字符中左右两端的空格。

语法格式：Trim(String)，String 参数为待处理的字符串。

如提交表单的内容的是：" 我喜欢你 "，两端都有 1 个空格，使用 Trim("str")处理之后输出的内容就是 "我喜欢你"，两端不含有任何空格。如果字符的内容是 " 我 喜 欢 你 "，那么用 Trim 处理之后输出的内容就是"我 喜 欢 你"，Trim 只会去除字符两端的空格，不会去掉字符中间或其他部分的空格和其他内容。

下面的代码可以剔除用户输入的冗余空格。

```
……
<%
Dim strTrim
```

```
strTrim=Trim(request.form("userName"))
%>
……
```

4. Split（ ）函数

Split 函数可以用一个符号将一个连续包含此符号的字符串分割开，常用在搜索表单的多个关键词应用中，当提交多个搜索关键字时，以逗号分隔输入的关键字。当服务器获取此输入信息时，用 Split 函数将每个关键字存储在数组中，并嵌入相应的 SQL 语句中，完成查询；Split 函数也用在表单提交多选框的应用中，当提交表单中的多选框时，多选项的值会以 ","形式连接成字符串，提交给服务器，此时就可以用 Split 函数将这些每个选项的值分隔开。

语法格式：

```
Split(expression[, delimiter[, count[, start]]])
```

参数说明如下。

expression 必选。字符串表达式，包含子字符串和分隔符。如果 expression 为零长度字符串，Split 返回空数组，即不包含元素和数据的数组。

delimiter 可选。用于标识子字符串界限的字符。如果省略，使用空格 (" ") 作为分隔符。如果 delimiter 为零长度字符串，则返回包含整个 expression 字符串的单元素数组。

count 可选。被返回的子字符串数目，-1 指示返回所有子字符串。

compare 可选。指示在计算子字符串时使用的比较类型的数值。有关数值，请参阅表 4-1。

表 4-1　compare 参数值的设置

常　　数	值	描　　述
vbBinaryCompare	0	执行二进制比较
vbTextCompare	1	执行文本比较
vbDatabaseCompare	2	执行基于数据库（在此数据库中执行比较）中包含的信息的比较

下面案例提交如图 4-2-2 所示的多选项信息，每个多选项的值对应提示信息，而当提交信息后会得到这样的字符串"百度"、"360 搜索"、"google"、"搜搜"，本案例用 Split 函数将此字符分隔开，并用循环语句将每个复选框的值输出。多选框如图 4-2-2 所示。

图 4-2-2　分割字符串页面

示例多选框的 HTML 代码如下。

```
<td>
<input type="checkbox" name="checkBox" value="百度"/>百度
<input type="checkBox" name="checkBox" value="360 搜索"/>360 搜索
<input type="checkBox" name="checkBox" value="google"/>google
```

```
<input type="checkBox" name="checkBox" value="搜搜"/>搜搜
</td><td class="table_form_td">
<input name="go" type="submit" value="ok" />
</td>
```

Split 函数处理的代码如下。

```
<%
if request("go")<>"" then
Dim myString, myArray
myString = Request.Form("checkBox")
  myArray = Split(MyString,",")
Response.Write "你选择的搜索引擎："&"<br>"
For each arr in myArray
  Response.Write arr&"<br>"
Next
end if
%>
```

运行结果如图 4-2-3 所示。

图 4-2-3　分割字符串页面

5．Mid（）函数

Mid 函数可以从字符串中返回指定数目的字符。此函数如果结合循环语句和 Response 对象的输出语句可以将相应的字符替换为图片显示，常用在图形网站计数器中。

语法格式：Mid(字符串，起始字符所处位置次序数，长度)

语法格式：Mid(string, start [, length>)

参数说明如下。

string 是原字符串，start 为开始截取的位置，length 为截取的字符串长度。

下面案例将"59434"这个字符串中的每个数字取出，并用相应的图片替换，即完成由数字转换为图片的过程。

```
<%
Str="59434"
For i=1 To Len("Str")
   Response.write "您是第"
   Response.write"<img src=""count/"
```

```
        Response.write Mid(Str,i,1)
        Response.write ".gif" "/>"
        Response.write"位访问本站的客户！谢谢光顾！"
    Next
%>
```

使用 Response.write 对象在客户端构建 HTML 结构，以输出图片。Mid 函数的工作原理是每次只取一个字符，即把 Length 设置为 1，字符有多少个字符则取多少次，此功能使用的是 For 循环，For 循环的计数是从 1 到字符的长度，这样就可以做到循环取出字符。在网页存放的同级目录有 0.gif 到 9.gif 共 10 张图片，再用 Response.write 对象构建客户端的 HTML，并最后完成图片计数器的实现。

很多网站都设置有网站计数器，普通的网站计数器是以文字形式显示的，不是很美观，通过 Mid 函数再配合循环语句，将数字依次取出并用相应的图片替换，就可以实现图片计数器的制作。

6．Replace（ ）函数

返回字符串，其中指定数目的某子字符串被替换为另一个子字符串。

```
Replace(expression, find, replacewith[, compare[, count[, start]]])
```

参数说明如下。

expression 必选。 字符串表达式包含要替代的子字符串。

find 必选。被搜索的子字符串。

replacewith 必选。用于替换的子字符串。

start 可选。expression 中开始搜索子字符串的位置。如果省略，默认值为 1。在和 count 关联时必须用。

count 可选。执行子字符串替换的数目。如果省略，默认值为 -1，表示进行所有可能的替换。在和 start 关联时必须用。

此功能常用在用户提交信息并需要添加到数据库的场合，比如：在线篮球比赛中常有结束时间的提示，当出现秒时会用到"'"这样的字符，这个字符对于数据库来讲是危险字符，因为，这些字符可能会引起数据库操作出错，如图 4-2-4 所示。

图 4-2-4　　数据库操作出错页面

图 4-2-4 即是危险信息添加到数据库中的报错信息，所以这样的字符在添加到数据库前

有必要进行转换。Replace 函数就可以完成这样的任务。

```
<%
Dim str
Str=Request.Form("str")
Str=Replace(str,"`","")
Response.write Str
%>
```

运行结果：运行代码后输出 Str 这个字符串，此字符串中的 "`" 就被空格所替换。

在实际应用中危险字符有很多，这样的危险字符有 "`"、"<"、">"、";"、"--"、"%"、"/*" 等，下面的函数对常见的危险字符都做了替换，代码如下。

```
<%
  Function filterStr(InString)
    NewStr=Replace(InString,"`","'")
    NewStr=Replace(InString,"<","&lt;")
    NewStr=Replace(InString,">","&gt;")
    NewStr=Replace(InString,"chr(60)","&lt;")
    NewStr=Replace(InString,"""","&quot;")
    NewStr=Replace(InString,";",";;")
    NewStr=Replace(InString,"/*"," ")
    NewStr=Replace(InString,"%"," ")
    filterStr=NewStr
  End Function
%>
```

当提取客户端输入时，调用以上函数就可以剔除危险字符。

```
<%
  username=filterStr(Request.form("userName"))
  pwd=filterStr(Request.form("pwd"))
%>
```

除了以上字符串处理函数外，还有很多字符串处理函数，下面做一个罗列。常见字符串处理函数如表 4-2 所示。

表 4-2　常见的字符串处理函数

名　　称	语　　法	说　　明
Right 函数	Right(字符串，长度)	将字符串右边取出相应个数的字符
Lcase 函数	Lcase(字符串)	将字符串中的字母转换成小写

续表

名　称	语　法	说　明
Ucase 函数	Ucase(字符串)	将字符串中的字母转换成大写
Join 函数	Join(数组)	将数组中各信息连成字符串

 四、任务实施

◯ **步骤1**　创建邮箱验证页面，邮箱验证页面的 HTML 代码如下

```html
<form name="form1" method="post" action="">
<table class="table_login">
 <caption>
邮箱登录
</caption>
 <tr>
   <td height="22" class="table_form_td">
       请输入邮箱名称：      </td>
   <td><input name="email" type="text" class="ipt" id="email"></td>
 </tr>
 <tr>
   <td height="22" class="table_form_td">请输入邮箱密码：</td>
   <td><input name="pwd" type="password" class="ipt_pass" id="pwd"></td>
 </tr>
 <tr>
   <td height="22" class="table_form_td"><input name="submit" type="submit" class="btn" value="登录"></td>
   <td><input name="reset" type="reset" class="btn" value="重置"></td>
 </tr>
 <tr>
   <td height="33" colspan="2" class="table_form_td"><table>
     <tr>
       <td class="red"><%=CheckMail()%></td>
     </tr>
   </table></td>
 </tr>
</table>
</form>
```

● 步骤 2 编写邮箱验证函数，代码如下所示

```
<%
Function CheckMail()
    dim jvMail ,jvPass
    jvMail=Trim(Request.Form("email"))
    jvPass=Trim(Request.Form("pwd"))
    If jvMail="" or jvPass="" Then
        Response.Write("请输入邮箱名称和密码！")
    Else
        If instr(jvMail,"@")=0 or instr(jvMail,".")=0  Then
            Response.Write("请输入正确邮箱名称！")
        Else
            If instr(jvMail,"@")<instr(jvMail,".")=0 Then
                Response.Write("请输入正确邮箱名称！")
            Else
                Response.Write("登录成功！您的邮箱名称是："&Lcase(jvMail))
            End If
        End If
    End If
End Function
%>
```

● 步骤 3 保存文档，执行邮箱验证页面，效果如图 4-2-5 所示

图 4-2-5 邮箱验证页面

4.3 任务三 日期的汉化与个性化的问候

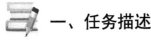

一、任务描述

提示用户年、月、日和星期，并根据时间的不同来做出个性化的问候。在邮箱中常用到这样的问候，效果如图 4-3-1 所示。

图 4-3-1　手机验证页面

二、任务分析

Function 函数构建两个函数，在函数中通过内置函数调用当前系统时间，再分别用内置日期函数表达式获取当日的星期数，用 Select 语句把获取的星期数字转换为汉字星期，用 If 语句来按时间的不同输出不同的问候语。最后在网页中调用 Function 函数。

三、知识准备

1. Now ( ) 函数

Now( )函数可以提取当天的日期和时间，Now 函数常用在提取小时、分钟、秒数的应用中。网站中以登录时间不同而设置的问候语，就是典型的应用。下面的案例根据时间不同，输出不同的问候语，代码如下。

```
<%
Dim h,str
H=Hour(Now( ))
If h>6 and h<=12 then
    str= "上午好！"
Elseif h>12 and h<=18 then
    str="下午好！"
Else
    str="晚上好！"
end if
Response.write "现在是："&Now & str
%>
```

以上代码的运行结果如图 4-3-2 所示。

图 4-3-2　时间函数的应用

2. DateDiff 函数

返回两个日期之间的时间间隔。

语法格式：

```
DateDiff(interval, date1, date2 [,firstdayofweek][, firstweekofyear]])
```

参数说明如下。

Interval：必选，字符串表达式，表示用于计算 date1 和 date2 之间的时间间隔。有关数值，请参阅表 4-3 所示。

date1, date2：必选，日期表达式。用于计算的两个日期。

firstdayofweek 可选。指定星期中第一天的常数。如果没有指定，则默认为星期日。

firstweekofyear：可选，指定一年中第一周的常数。如果没有指定，则默认为 1 月 1 日所在的星期。

表 4-3 DateDiff Interval 的参数值

设 置	yyyy	q	d	w	m	y	ww	h	s
描 述	年	季度	日	一周的日数	月	一年的日数	周	小时	秒

在网站上和现实生活中，经常有计算未来时间的情况，比如，秒杀中的倒计时，未来多少天日期的确定等，用 DateDiff 函数可以计算出两个时间的间隔。比如常用的高考倒计时，电子商务网站的秒杀等，下面看一下高考倒计时的制作。

```
<%
    dim jvToday,jvGaok,diffDay
    jvToday=year(now())&"-"&month(now())&"-"&day(now())
    jvGaok= year(now()) & "-6-7"
    diffDay = DateDiff("d",jvToday,jvGaok)
    Response.Write "今天是:"&Date()&",距高考还有"
    Response.Write diffDay&"天!加油努力!"&"<br>"
%>
```

如上代码通过 DateDiff 函数计算出两个日期的间隔，并使用 Response 对象输出结果，运行结果如图 4-3-3 所示。

图 4-3-3 高考倒计时页面

3．类型转换函数

在 ASP 程序中的变量是不声明类型的，否则就会出现类型不匹配的运行时错误，类型转换函数可以将数据转换为指定类型的数据，使程序更加严谨，杜绝因类型不同而造成的错误。

常用的类型转换函数如表 4-4 所示。

表 4-4 常用的类型转换函数

名 称	说 明	应用实例
Cdbl（）函数	返回 Double 类型	Cdbl(12345678900000000)= 1.23456789E+16
Cboll（）函数	返回 Boolean 类型	Cbool(5=5)=true
Cstr（）函数	返回字符串类型	Cstr(437.324)= "437.324"
Cdate（）函数	返回 Date 类型	Cdate("October 19,1962")=1962-10-19
CLng（）函数	返回 Long 类型	CLng(25427.55)=25428
Cint（）函数	返回 Integer 类型	Cint(2345.678)=2346

前面示例通过函数知道了距离高考还有 N 天，请判断高考第一天是星期几。代码如下。

```
<%
dim newDay,week
newDay=DateAdd("d",6,CDate("June 1,2014"))
week=weekDay(newDay)
Response.write("今年的高考第一天是：")&newDay&"日，"
Select Case week
    Case 2 Response.Write "星期一"
    Case 3 Response.Write "星期二"
    Case 4 Response.Write "星期三"
    Case 5 Response.Write "星期四"
    Case 6 Response.Write "星期五"
    Case 7 Response.Write "星期六"
    Case Else Response.Write "星期日"
End Select
%>
```

运行结果如图 4-3-4 所示。

图 4-3-4 类型转换函数页面

 四、任务实施

○ 步骤 1　创建输出个性问候语页面

○ 步骤 2　编写 CheckWeekday() 函数，实现星期的判断和输出

○ 步骤 3　编写 CheckTime() 函数，实现个性问候语的输出

步骤4 在HTML页面中调用两个函数，测试预览效果

代码如下所示。

```
<%
Function CheckWeekday()
    Dim week,upWeek
    week = Weekday(year(now()) & "-" & Month(now()) & "-" & Day(now()))
    Select Case week
    Case 1   upWeek = "日！"
    Case 2   upWeek = "一！"
    Case 3   upWeek = "二！"
    Case 4   upWeek = "三！"
    Case 5   upWeek = "四！"
    Case 6   upWeek = "五！"
    Case 7   upWeek = "六！"
    End Select
    Response.Write(upWeek)
End Function
Function CheckTime()
    Dim nowTime
    nowTime = Hour(now())
    If nowTime > 0 And nowTime < 12 Then
        Response.Write("上午好！")
    Elseif nowTime > 12 And nowTime < 18 Then
        response.Write("下午好！")
    Elseif nowTime > 18 And nowTime < 24 Then
        Response.Write("晚上好！")
    End If
End Function
%>
你好,今天是：<%=Year(now()) & "-" & Month(now()) & "-" & Day(now())%> 
星期<%=CheckWeekday()%>  <%=CheckTime()%>
```

PART 5 项目五
使用 ASP 内置对象 Response 和 Request

项目背景

上网的时候经常要进行注册、登录操作，在注册、登录操作时，总会先填写一些表单信息，然后提交。信息提交到服务器验证后，如果登录成功，会控制客户端浏览器跳转到相应的操作页面；如果登录不成功，也会给出相应的提示信息。

在这个过程中，服务器获取客户端的输入会用到 Request 对象，而当服务器向客户端发送提示信息时，会用到 Response 对象。Response 对象和 Request 对象是 ASP 程序最常用的两个对象，本项目就这两个对象做逐一讲解。

- 任务一　网站登录功能
- 任务二　获取环境变量信息
- 任务三　循环输出一个 HTML 表格
- 任务四　使用 Response 管理缓冲区

技术导读

本项目技术重点：
- 掌握 Response 请求对象的相关属性和方法
- 掌握 Request 响应对象的相关属性和方法
- 会使用 Response 对象和 Request 对象编写 ASP 交互程序

5.1 任务一　网站登录功能

一、任务描述

目前大多网站不但提供了浏览功能，还提供了会员注册和关于会员的互动等功能。下面通过 ASP 内置对象完成网站会员注册。完成效果如图 5-1-1 与图 5-1-2 所示。

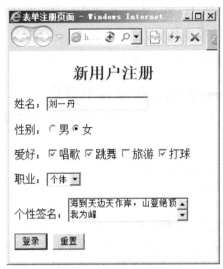

图 5-1-1　表彰注册页面

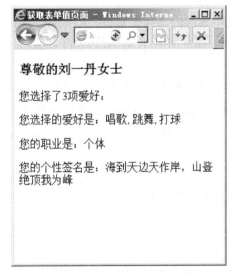

图 5-1-2　获取表单页面

二、任务分析

用户注册主要通过网页表单完成数据录入，把表单提交给注册验证页面，在注册验证页面中通过 ASP 内置对象 Request.Form 或 Request.QureyString 方法,来实现表单数据的读取,并输出到注册验证页面中。

三、知识准备

5.1.1 ASP 内置对象 Request

ASP 提供在脚本中使用内建 Request 对象，使用户通过浏览器收集用户请求发送的信息，响应浏览器以及存储用户信息，从而使对象开发者摆脱了很多繁琐的工作。

Request 对象是获取服务器响应的内置对象，使用 Request 对象访问任何基于 HTTP 请求传递的所有信息，收集包括从 HTML 表格用 POST 方法或 GET 方法传递的参数、cookie 和用户认证。其基本应用语法格式为

```
Request [. 集合 | 属性 | 方法 ] ( 变量 )
```

5.1.2 使用 Request.Form 获取表单信息

Request.Form 集合使用 POST 方法，检索表单元素中发送到 HTTP 的请求值。其基本的语法格式：

```
Request.Form (element) [(index) |.Count ]
```

其中各项参数内容如下。
- element 指定集合要检索的表格元素的名称。
- index 可选参数，使用该参数可以访问某参数中多个值中的一个。它可以是 1 到 Request.Form（parameter）.Count 之间的任意整数。
- Count 集合中元素的个数。

Form 集合按请求正文中参数的名称来索引。Request.Form（element）的值是请求正文中所有 element 值的数组，通过调用 Request.Form（element）.Count 来确定参数中值的个数。

如果参数未关联多个值，则计数为 1；如果找不到参数，计数为 0。要引用有多个值的表格元素中的单个值，必须指定 index 值。index 参数可以是从 1 到 Request.Form（element）.Count 中的任意数字。如果引用多个表单参数中的一个，而未指定 index 值，返回的数据将是以逗号分隔的字符串。

可以使用重述符来显示表格请求中的所有数据值。

以下示例显示制作表单的基本代码内容。

```
<body>
<form method="POST" action="">
<p>请填写你的爱好 <input type="text" name="hobby" size="20"><br></p>
<p><input type="checkbox" name="hobby" value=" 足球 "> 足球
<input type="checkbox" name="hobby" value=" 乒乓球 "> 乒乓球</p>
<input type="submit" value=" 发送 " name="B1">
<input type="reset" value=" 重填 "   name="B2">
</form>
```

```
<%
For Each i In Request.Form("hobby")
Response.Write i & "<BR>"
Next
%>
</body>
```

输入完成后,运行这段代码,在打开的网页表单中文本框内输入"羽毛球",选中表单中的两个复选框。request 对象可以根据 form 中填入或选择元素内容的不同,将元素逐个显示出来,运行的效果如图 5-1-3 所示。

图 5-1-3 Request 对象获取表单

使用 For…Next 循环,也可以生成同样的输出,如下所示。

```
<%
For i = 1 To Request.Form("hobby").Count
    Response.Write Request.Form("hobby")(i) & "<BR>"
Next
%>
```

5.1.3 使用 Request.QueryString 获取 URL 中的字符串

QueryString 集合检索 HTTP 查询字符串中变量的值,查询 HTTP 地址中字符串由问号(?) 后的值指定。基本的语法格式为

```
<A HREF= "example.asp?Uid=2&search=this is a sample">string sample</A>
```

其中"?Uid=2&search=this is a sample"就是一个查询字符串,它包含两个 URL 变量 Uid 和 Search;而数字"2"和"this is a sample"就是这两个 URL 变量的值,变量和值之间用"="号连接,多个 RUL 变量之间用"&"连接。

查询字符串会连同 URL 信息一起,作为 HTML 请求报文,提交给服务器端的相应文件。如上面的查询字符串信息,将提交给 example.asp。

利用 Request.QueryString 集合,可以获取查询字符串中变量的值。如在上述的网页中,编写如下代码,就能获取这些查询变量的值。

```
<%
    Uid=Request.QueryString("Uid")
```

```
Search=Request.QueryString("search")
%>
```

该段代码的生成值为 "this is a sample" 的变量名字符串。通过在发送表格或由用户在浏览器的地址框中，键入查询也可以生成查询字符串。

Request.QueryString 同样可以获取以 "get" 方式传递的表单数据，如果表单的提交方式为 "get"，就可以像 Request.Form 一样获取表单元素的值。其基本的语法格式：

```
Request.QueryString(variable)[(index)|.Count]
```

QueryString 集合以名称检索 QUERY_STRING 变量。Request.QueryString(参数) 的值是出现在 QUERY_STRING 中所有参数的值的数组。通过调用 Request.QueryString(parameter).Count 可以确定参数有多少个值。

同样也可以使用 QueryString，来达到与前一个范例相同的功能。只需要将表单的属性 method 设置为 "get" 即可。

```
<form method="POST" action="">
```

mrequest.form 部分替换如下代码。

```
<%
For Each i In Request.querystring("hobby")
Response.Write i & "<BR>"
Next
%>
```

 四、任务实施

○ 步骤1 创建 HTML 页面

打开 Dreamweaver 软件，制作用户注册的表单输入页面，文件名称为 reg.asp。并保存在网站的目录下，具体代码如下所示。

```
<h2 align="center">新用户注册</h2>
<form action="Verification.asp" method="post">
<p>姓名：<input name="userName" type="text" /></p>
<p> 性 别 ： <input name="sex" type="radio" value="1" /> 男 <input name="sex" type="radio" value="0" />女</p>
<p>爱好:<input type="checkbox" name="hobby" value="唱歌" />唱歌
<input type="checkbox" name="hobby" value="跳舞" />跳舞
<input type="checkbox" name="hobby" value="旅游" />旅游
<input type="checkbox" name="hobby" value="打球" />打球</p>
<p>职业: <select name="career">
        <option value="教师">教师</option>
```

```
            <option value="医生">医生</option>
            <option value="个体">个体</option>
            <option value="其他">其他</option>
        </select></p>
<p>个性签名: <textarea name="intro" rows="2" cols="20"></textarea></p>
<p><input type="submit" value="登录" />  <input type="reset" value="重置" />
</form>
```

步骤2 创建 ASP 脚本页面

创建 ASP 脚本页面，作为用户表单读取页面，文件名为 Verification.asp，文件保存在与上述文件 reg.asp 的同一目录下，具体代码如下所示。

```
<%
    dim name,sex,hobby,carer,intro,hobbynum
    name=request.form("userName")
    sex=request.form("sex")
    hobby=request.form("hobby")
    intro=request.form("intro")
    career=request.form("career")
    hobbynum=request.form("hobby").count
    Response.write "<h3>尊敬的"&name
    if sex= "1" then response.write"先生</h3>"
    if sex= "0" then response.write"女士</h3>"
    response.write"<p>您选择了"&hobbynum&"项爱好: </p>"
    response.write"<p>您选择的爱好是: "&hobby&"</p>"
    response.write"<p>您的职业是: "&career&"</p>"
    response.write"<p>您的个性签名是: "&intro&"</p>"
%>
```

步骤3 运行程序

在注册页面的表单元素中，输入注册信息，并单击登录按钮，完成效果如图 5-1-1 和图 5-1-2 所示。

5.2 任务二 获取环境变量信息

一、任务描述

获取网站的系统环境信息，是了解网站的服务器系统环境的主要途径。下面通过 ASP 内置的 Request 对象，完成网站系统环境信息显示，完成的效果如图 5-2-1 所示。

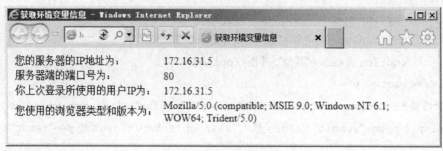

图 5-2-1　获取环境变量信息

二、任务分析

在客户端发送给服务器端的 HTTP 请求中，通常还包含客户端 IP 地址等客户端的各种环境信息。服务器端在接收到这个请求时，也给出服务器端 IP 地址等环境变量信息。利用 Request 对象的 ServerVariables 集合，可以方便地获取这些信息。

三、知识准备

在浏览器中浏览网页的时候，使用的传输协议是 HTTP，在 HTTP 的标题文件中，会记录一些客户端的信息，如客户的 IP 地址等等。有时服务器端需要根据不同的客户端信息，做出不同的反映，这时候就需要用 ServerVariables 集合获取所需信息。 基本语法为

```
Request.ServerVariables （服务器环境变量）
```

由于服务器环境变量较多，仅将一些常用的变量在表 5-1 列出。

表 5-1　服务器环境变量

服务器环境变量	变量的说明
ALL_HTTP	客户端发送的所有 HTTP 标题文件
CONTENT_LENGTH	客户端发出内容的长度
CONTENT_TYPE	内容的数据类型。如："text/html"。同附加信息 的查询一起使用，如 HTTP 查询 GET、POST 和 PUT
LOCAL_ADDR	返回接受请求的服务器地址。如果在绑定多个 IP 地址的多宿主机器上查找请求所使用的地址时，这条变量非常重要
LOGON_USER	用户登录 Windows NT 的账号
QUERY_STRING	查询 HTTP 请求中问号（?）后的信息
REMOTE_ADDR	发出请求的远程主机 (client) 的 IP 地址
REMOTE_HOST	发出请求的主机 (client) 名称。如果服务器无此信息，它将设置为空的 MOTE_ADDR 变量
REQUEST_METHOD	该方法用于提出请求。相当于用于 HTTP 的 GET、HEAD、POST 等
SERVER_NAME	出现在自引用 URL 中的服务器主机名、DNS 化名 或 IP 地址
SERVER_PORT	发送请求的端口号

可以通过以下脚本，输出所有的服务器环境变量。

```
<TABLE>
<TR><TD><B>Server Variable</B></TD><TD><B>Value</B></TD></TR><% For Each
name In Request.ServerVariables %>
<TR><TD> <%= name %> </TD><TD> <%= Request.ServerVariables(name) %>
</TD></TR></TABLE>
<% Next %>
```

 四、任务实施

● 步骤 1　创建动态页面

使用 Dreamweaver 软件，如上一任务，制作表单页面，作为网站环境变量输出页面，文件名称为 config.asp。

● 步骤 2　创建一个表格

在页面中，以表格作为页面的布局方式，创建一个 4 行 2 列的表格。

● 步骤 3　通过 Response.write 方法输出对象信息

在表格的每行第一个单元格中，输入环境变量的中文信息名称。在每行的第二个单元格中，通过 Response.write 方法，输出对象的变量名称的值。

● 步骤 4　保存文档

按 F12，测试结果。

其代码如下所示。

```
<table width="650" border="0">
  <tr><td width="229">您的服务器的 IP 地址为</td>
    <td width="411"><%response.write request.servervariables("LOCAL_ADDR")%>
</td>
  </tr>
  <tr> <td>服务器端的端口号为</td>
    <td><%response.write request.servervariables("SERVER_PORT")%></td>
  </tr>
  <tr> <td>你上次登录所使用的用户 IP 为</td>
    <td><%response.write request.servervariables("REMOTE_ADDR")%></td>
  </tr>
  <tr> <td>您使用的浏览器类型和版本为</td>
    <td><%response.write request.servervariables("HTTP_USER_AGENT")%></td>
  </tr>
</table>
```

5.3 任务三 循环输出一个 HTML 表格

一、任务描述

通过服务器端向客户端发送数据时，需要动态生成表格，以作为输出数据的容器，使用 Response.Write 方法可以向客户端输出 HTML 语句，并配合循环语句实现动态表格的生成。完成效果如图 5-3-1 所示。

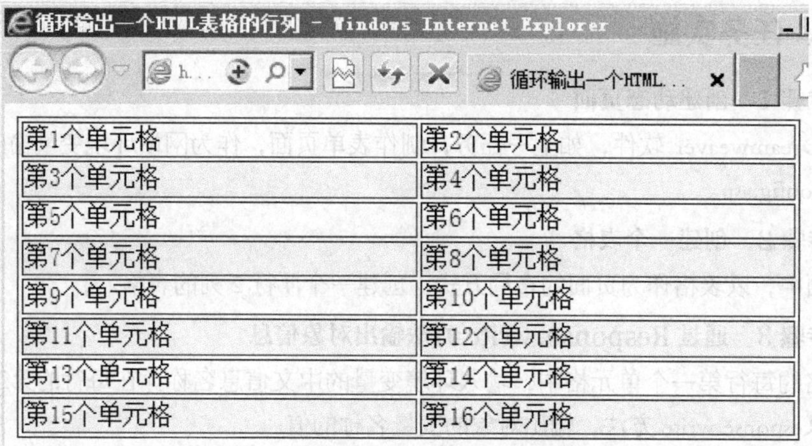

图 5-3-1 循环输出一个 HTML 表格的行列

二、任务分析

在动态网页制作中，经常会用 Response.Write 语句，完成网页表格的布局和样式设置。本任务使用循环语句"While…Wend"动态生成一个表格，表格的行列通过循环的次数来决定。表格的样式通过一个嵌套"If…Else…End"来完成表格的样式输出。

三、知识准备

5.3.1 Response 对象属性与方法

在 B/S 模式中，从 Browser（浏览器）发送请求给 Server（服务器），Server（服务器）处理客户端的请求，并把编辑好的 HTML 语句发送给 Browser（浏览器）。在这个过程中，Server（服务器）发送的请求信息给 Browser（浏览器），主要是通过 Response 对象。

Response 对象是用来控制向客户端浏览器发送数据，用户使用该对象，将服务器端的数据，用超文本的格式发送到用户端的浏览器，包括直接发送数据给浏览器、重定向浏览器到另一个 URL 或者设置 Cookies 的值等。

与 ASP 的其他对象一样，Response 对象也有自己的方法（对象函数），如表 5-2 所示。

表 5-2　Response 对象的常用方法

方法（函数）名	方法（函数）的功能
Clear	将服务器缓存中的信息清除
End	将当前的 ASP 文件中止运行
Flush	把服务器缓存中的数据立刻发送到客户端
Redirect	重定向当前页面，告诉浏览器实现另外一个 URL
Write	直接向客户端浏览器发送信息

Response 对象提供了多个属性，如表 5-3 所示，用于控制服务器输出信息的方式等。

表 5-3　Response 对象的属性及其代表的意义

属 性 名	属性所表示的意义
Buffer	用于指定页面输出时是否需要缓存区
Expires	设置页面在浏览器中缓存的时限
ExpiresAbsolute	设置页面在浏览器中缓存的确切到期的日期与时间
IsClientConnected	判断客户端是否已经和服务端断开连接

Response 对象只有一个集合，即 Cookies。Response 对象的属性主要有 Buffer（设置是否开启缓冲区）和 Expires（设置浏览器端缓存页面时间）。如果在该时间内，则从浏览器的缓存中获取页面，而不是从服务器端下载。

5.3.2　Response 对象常用方法

1．End 方法

该方法使 Web 服务器停止所处理的脚本，并返回当前结果。文件中剩余的内容将不被处理。

如果 Response.buffer 设置为 true，则调用 Response.end，将缓存输出。

如在页面代码：<%@LANGUAGE="VBSCRIPT" CODEPAGE="936"%>后，输入以下代码。

```
<%@LANGUAGE="VBSCRIPT" CODEPAGE="936"%>
<% response.buffer = true %>。
```

然后在页面的<body></body>标记之间，输入以下代码。

```
<%
dim i
for i = 1 to 1000000
response.end
response.Write(i&" ")
next
%>
```

把 response.end 分别放置在 response.Write(i&"　")上方和下方，分别运行有什么区别？

2. Write 方法

Write 方法在 response 对象中，是使用最频繁的一种，它用来向浏览器输出超文本数据。其引用格式为

```
response.write{变量|函数|"字符串"|……}
```

Write 方法的值可以是任何 VBScript 支持的数据类型，也可以是代表一个字符串或者数值的变量、函数，还可以是带 HTML 标记的字符串。

3. Redirect 方法

该方法用于引导客户端浏览器到另一个 URL 位置。一旦使用了该方法，任何网页中显示设置的响应正文内容都将被忽略。引用格式为

```
Response.redirect("URL")
```

如：

```
<% Response.redirect("test.asp") %>
```

该用法的一个典型例子就是上机考试时，当考试时间结束时，马上把页面引导到结束页面（前提是该考试系统是基于 Web 来开发）。下面的案例是根据不同的时间中转到不同的页面。

```
<%
'不同时间跳转到不同的页面
dim nowHour
nowHour=hour(time)
If nowHour>=9 And nowHour<=12 Then
    Response.Redirect "http://www.sina.com.cn"
Else If nowHour>12 And nowHour<13 Then
    Response.Redirect "http://www.sohu.com"
else
    Response.Redirect "http://www.baidu.com"
end If
%>
```

四、任务实施

○ 步骤 1　新建 ASP 页面，并保存在服务器站点下，文件名称自己行定义。

○ 步骤 2　利用 Response.write 方法动态生成表格标记，设置表格的宽度与边框样式等。

○ 步骤 3　利用循环语句生成表格内的行与单元格。

➡ **步骤4** 利用 If 判断语句对奇数与偶数行的背景进行区别设置。

代码如下。

```
<%
Response.Write "<table width=""500"" border=""1"" >"
dim i
    i=1
    while  i<= 16
          i=i+1
          If i mod 2=0 Then
              if i mod 4=0 then
                   Response.write"<tr bgcolor=' #eeeeee'>"
              else
                   Response.Write "<tr>"
              end if
              Response.Write "<td width=""250"" >第"&i-1&"个单元格</td>"
          Else
              Response.Write "<td>第"&i-1&"个单元格</td>"
              Response.Write "</tr>"
          End If
    wend
Response.Write "</table>"
%>
```

5.4 任务四 使用 Response 管理缓冲区

一、任务描述

根据不同的用户登录页面，网站对缓冲区进行不同的设置，更好地理解缓冲区的作用。制作完成效果如图 5-4-1 所示。

图 5-4-1 使用 Response 管理缓冲区

二、任务分析

为了提高网页的浏览速度，经常会使用缓冲区技术。缓冲区是存储一系列数据的地方，客户端所获得的数据，可以从程序的执行结果直接输出，也可以从缓冲区输出。控制缓冲区的方法主要有 Response.Flush、Response.Expires、Response.End 等。

三、知识准备

Response 对象有多个属性和方法，可以用来管理网站的缓冲区，主要属性有 Buffer 属性、Expires 属性等；主要方法有 Clear 方法与 Flush 方法等。

1. Clear 方法

Clear 方法用于清楚缓冲区内的全部数据。使用 Clear 方法应先将 Response.Buffer 属性设置为 true（不然没用上缓存无法清除缓冲），否则程序出错。

如在页面代码<%@LANGUAGE="VBSCRIPT" CODEPAGE="936"%>下一行，输入以下代码。

```
<%@LANGUAGE="VBSCRIPT" CODEPAGE="936"%>
<% response.buffer = true %>
```

然后在页面的<body></body>标记之间，输入以下代码。

```
<%
dim i
for i = 1 to 1000000
response.clear
response.Write(i&" ")
next
%>
```

分别把 response.clear 分别放置在 response.Write(i&" ")上方和下方，分别运行看有什么区别。

2. Buffer 属性

Buffer 属性用来指定页面输出时是否需要缓存区，有 true 和 false 两个值。默认为 false 值。当设置为 true 值时，表示服务器先将页面输出到缓存区，直到所有的 ASP 脚本代码被处理，或者调用 flush 或 end 方法时，再输出到浏览器；如果为 false，表示不输出到缓存区，所有脚本的执行结果将直接在客户端的浏览器中输出。

使用时若打开缓冲（true），可以将很大的文件，通过 ASP 逐步建立的文件或代码按块发送到客户端的浏览器，存放到浏览器的缓存中，直到文件传送完，才在浏览器上显示，从而能更有效地传送文件。注意：Buffer 属性不能在服务器已经向客户端发送文件后再设置，所以对 Rseponse.Buffer 调用，必须放在 ASP 文件的第一行。如：

```
<% Response.buffer = true
……
%>
```

在页面代码<%@LANGUAGE="VBSCRIPT" CODEPAGE="936"%>的下一行输入以下代码：<% response.buffer = true %>

然后在页面的<body></body>标记之间输入以下代码。

```
<%
dim i
for i = 1 to 1000000
response.Write(i&"  ")
next
%>
```

分别把 Response.buffer = true 设置成 true 和 false，分别运行看有什么区别。

3．Expires 属性

Expires 属性用于设定页面在浏览器中的缓存时限。如果用户在请求页面时，缓存里的页面还没过期，则直接使用该页面来显示给用户看；如果该页面已经过期，则需要服务器重新生成一个新的页面，来反馈给客户端，并重新设置页面时限。

Expires 属性引用的一般格式为

```
Response. Expires = number（定义的分钟数）
```

Number 属性值的单位是分钟，数据类型是数值型，可以直接指定页面过期的时限。如下面的代码，通过设置该属性，将文件的终止时间设置为 5 分钟。

```
<% Response.Expires = 5 %>
```

如果用户希望一个文件立即过期，即客户端所得到的页面始终都是刚从服务器得到的最新数据，可以将属性设置为一个较大的负数，此情况适用于变化快的页面，如股市的行情等。

4．ExpiresAbsolute 属性

ExpiresAbsolute 与 Expires 属性的作用，都用于设置页面过期时间，区别是 ExpiresAbsolute 属性是用日期和时间格式进行设置，而 Expires 直接用分钟格式来设置。如：

```
<% Response.ExpiresAbsolute = # Jul 01,2008,8:00:00 # %>
```

5．IsClientConnected 属性

IsClientConnected 属性用于判断客户端是否依然与服务器处于连接状态。如果服务器在应答一个客户的请求后，很长时间里没有相互数据交换，那就有必要判断一下是否客户端还连接着服务器。如：

```
<%
If not response.IsClientConnected then
......
End if
%>
```

6. Flush 方法

该方法用于立刻发送缓冲区中的数据到客户端。如果需要在某个特定情况下，需要马上将缓存中的数据，发送到浏览器的时候，就可以用这个方法。

如在页面代码<%@LANGUAGE="VBSCRIPT" CODEPAGE="936"%>下一行输入以下代码。

```
<% response.buffer = true %>
```

然后在页面的<body></body>标记之间，输入以下代码。

```
<%
dim i
for i = 1 to 1000000
response.Write(i&" ")
response.flush
next
%>
```

四、任务实施

⚫ **步骤 1** 新建 ASP 页面，并保存在服务器站点下，文件名称为 Buffer.asp

⚫ **步骤 2** 在 Buffer.asp 内插入一个登录表单，代码如下

```
<form method="POST" action="">
<p> 用户名 :<input type="text" name="username" size="12"><br>
口  令 :<input type="password" name="password" size="12"><br>
<input type="submit" value=" 提交" name="B1"><input type="reset" value=" 取消"name="B2"></p>
</form>
```

⚫ **步骤 3** 在 Buffer.asp 页面的表单代码后，编写 ASP 脚本，根据不同的用户对缓冲区进行分别处理，代码如下

```
<%
Dim user,flag,pwd,say
Response.buffer=true'开启缓冲页面功能
user=Request.Form("username")
pwd=Request.Form("password")
```

```
say=Request.QueryString("say")
If say=1 then
Response.Write " 欢迎光临！"
End If
If say > 1 then
Response.Write " 欢迎再次光临！"
End If
If user="admin" and pwd="admin" Then
Response.Expires=1  '设置该页面在浏览器的缓冲中存储 1 分钟后过期
flag=1
ElseIf user="guest" and pwd="guest" Then
Response.Expires=0  '使缓存的页面立即过期
Response.Clear  '清空存储在缓存中的页面
flag=2
ElseIf user="vip" and pwd="vip" Then
Response.Write " 欢迎 VIP 光临"
flag=3
Else
flag=0
Response.End  '立即停止脚本处理，并将缓存中的页面输出
End If
Response.write "<p><a href='say.asp?flag="&flag&"'> 动态网站设计实践练习</a></p>"
%>
```

🡒 **步骤 4** 新建动态脚本页面，并保存到与 Buffer.asp 同一服务器站点目录里，文件名为 say.asp

🡒 **步骤 5** 插入如下的 ASP 脚本代码

```
<%
Dim say
say=Request.QueryString("flag")
Select case say
case "1"
Response.Redirect "buffer.asp?say=1"
case "2"
Response.Redirect "buffer.asp?say=2"
case "3"
Response.Redirect "buffer.asp?say=3"
case "0"
```

```
Response.Redirect "buffer.asp?say=0"
End Select
%>
```

⊃ **步骤 6** 分别以 admin、vip、guest 为用户名进行验证,因为我们设置了页面缓存,当使用 guest 登录时,判断程序自动清空其之前所有存储在缓存中的页面,而仅将其后脚本程序执行的结果显示出来

PART 6 项目六 使用 ASP 内置对象 Application 和 Session

项目背景

在浏览网页时，任何网页结束的操作，都会导致变量生命周期的结束，例如：单击浏览器的"刷新"按钮，或者关闭了浏览器，再重新打开它。前面阶段已经讲过，ASP 网页的运行是没有状态的，而某些状态量有时候对浏览者来说是很重要的。

在 ASP 中当状态量的生命周期结束后，可以有几种保留状态量的方法，这就是本项目主要要讲述的两个对象：Application 对象和 Session 对象，Application 对象是针对于所有浏览者共享信息的，而 Session 对象是针对于每一个特定浏览者存储信息的，通过这两个对象就可以保留有用的信息。

- 任务一　实现网站计数器
- 任务二　网页身份验证
- 任务三　获取网站当前在线人数

技术导读

本项目技术重点：
- 掌握 Application 对象相关属性、方法和事件
- 掌握 Session 对象相关属性、方法和事件
- 会使用 ASP 的 Global.asa 文件实现用户的在线统计

6.1 任务一 实现网站计数器

一、任务描述

为了能够及时地统计网站的单击率，很多网站都设置了一个网站计数器，来及时获得网站的浏览量，网站计数器能方便快捷地记录网站的单击数。本单元的任务就是实现网站计数器的一个功能，网站计数器统计效果如图 6-1-1 所示。

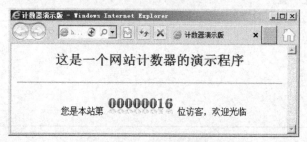

图 6-1-1 网站计数器演示

二、任务分析

网站计数器通过 ASP 的内置对象 Application 完成，Application 对象是一个共享对象，通过在 Application 对象中设置一个变量，作为网站计数器变量，统计网站的单击数。对于共享对象，首要处理的就是解决共享的问题，比如两个人同时修改 Application 对象的值，怎么处理先后次序？Application 对象通过 Lock 与 UnLock 这两个方法，来解决共享冲突问题。

三、知识准备

6.1.1 Application 对象

Application 对象的主要功能是：存储和获取可以被所有用户之间进行共享的信息，它具有集合、方法和事件，但不具备属性。

一般网站上都有一些应用程序，比如有 BBS、电子商务等。而每个应用程序往往有是由多个 ASP 文件构成。这些 ASP 文件是整个应用程序中的子程序，彼此不是完全独立，存在着某种关系。而 Application 对象负责对网站上各应用程序间共享的程序进行管理，并对应用程序的整个周期的设置进行控制。

6.1.2 Application 对象数据集合

Application 对象和 Session 对象既有联系又有区别，联系是它们都可以存储信息；区别则在于，网上的用户都可以使用 Application 对象，因而需要加锁，而 Session 对象只针对一个客户。

Application 对象基本的语法为

`Application.数据集合|方法`

Application 对象有两个数据集合，它们的特点如表 6-1 所示。

表 6-1 Application 对象的数据集合表

数据集合名	功能简述
Contents	利用索引可以取回存在于服务器端的任一个由 ASP Script 所建立的 Application 内的变量或对象的值
StaticObjct	利用索引可以取回存在于服务器端的任一个由<OBJECT>所建立的 Application 内容对象的值

6.1.3 Application 对象方法

由于在同一时间，可能会有许多使用者，同时访问网页，也就是说可能会出现多个人，同时更新同一个变量的情况。为了避免发生这种情况，系统提供 Lock 和 Unlock 方法，控制对 Application 对象同步操作。Application 对象的方法如表 6-2 所示。

表 6-2 Application 对象的方法表

方法名	功能简述
Lock	防止其他客户端更改 Application 对象的值
Unlock	刚好与 Llock 方法相反，允许其他客户端更改 Application 对象的值

使用 Lock 方法时，系统将禁止其他用户修改存储在 Application 对象中变量，确保在同一时间，仅有一个用户可以修改和存取 Application 对象。当一个 ASP 程序在某段时间内，需要修改 Application 对象中的变量，就应该使用 Lock 方法，独占 Application 对象。当处理完成后，不再需要独占方式时，使用 Unlock 方法，解除对 Application 对象的锁定。

在 ASP 中，把一个虚拟目录及其子目录下的所有.asp 文件称为一个 ASP 应用程序。从传统编程角度来看，一个单独的 ASP 页面，就如同一个完成特定功能的过程或者函数。而一组相关的 ASP 页面组合在一起，就构成了一个完整的应用程序。

使用 Application 对象，能够使得访问同一个 ASP 应用的多个用户之间进行信息共享，可以把公有变量存储在 Application 对象中，变量的类型可以是数字、字符串等简单数据类型，也可以是数组和对象等比较复杂的数据类型，这些变量可以在所有页面上被所有用户使用。

在 Application 对象中创建的变量，称之为应用程序变量。

1．创建和读取简单数据类型变量

Application 对象创建变量的一般语法格式如下所示：

```
Application("变量名称") = 变量值
```

对变量进行引用，从而获取变量的值： Application("变量名称")。

在 Application 对象中，创建简单数据类型的应用程序变量是很方便的，也正由于 Application 对象，能够进行用户之间的信息共享，因而 Application 对象的最典型应用之一就是：在 Application 对象中创建一个公有变量，用来统计页面的访问人数。

下面编写一个用于记录网页访问量的计数器，每当有新的用户访问这个网页时，首先调用这个计数器程序，使计数器的值增加1。程序如下。

```
<%@ Language=VBScript %>
<% '访问量计数器
Application.Lock
Application("Counter")= Application("Counter")+1
Application.Unlock
%>
<HTML>
<body>
这是第<%= Application("Counter")%>位访问者！
</body>
</HTML>
```

其中，在程序中，首先用 Application.Lock 对要修改的 Application 对象加锁；然后，将计数器的值增加1；最后解除 Application 对象上的锁。

运行该程序后，显示的效果如图6-1-2所示。

图 6-1-2　记录网页访问量的计数器图

需要说明的是，如果将以上程序做实际应用程序计数器时，还应在结束 Application 对象运行时，将计数器变量保存到文件中。否则当程序结束后，变量被释放，计数器中留存数据会丢失。

2．创建和读取组件对象

可以在 Application 对象中定义一个全局的组件对象，不过不同的是，在定义对象的时候，需要使用 Set 语句，才能对创建的对象进行引用，如下所示。

```
<% Set Application("MyAd") = Server.CreateObject("MSWC.AdRotator") %>
```

在这一句脚本中，创建了一个 AdRotator 组件对象，执行之后，在 Application 对象中就产生了一个组件实例。在以后访问的其他页面中，就可以直接使用 MyAd 对象属性和方法，在这里设置其边界宽度为 0：

```
<% Application("MyAd").BorderSize(0) %>
```

3．创建和读取数组变量

Application 对象可以创建和存储数组变量，和传统编程语言不同是，在 Application 对象中，通过下标对数组变量元素进行读取操作，但不能通过下标对数组元素进行修改操作。例如：

```
<% Application("Message")(0) = "hello" %>
```

在这一句脚本执行时，尽管不会向用户返回错误信息，但实际上这一句脚本，并不会产生执行结果，也就是说，数组 Message 中的元素并没有发生任何变化。而下面显示 Message 数组中第一个元素的脚本则是正确的：

```
<% = Application("Message")(0) %>
```

如要对 Application 对象中数组的元素进行修改操作，需要先读取整个数组，并将数组作为一个整体，复制给本地的副本；然后再对本地的副本中的单个元素，进行相应修改操作；最后再将修改之后的本地副本，赋值到 Application 对象中。

假设在 Application 对象中已经存在一个 AppArray 数组，若需要将 AppArray 数组中第一个元素，赋值为字符串"The first element"，则可以编写如下脚本。

```
<%
LocalArray = Application("AppArray")
LocalArray(0) = "The first element"
Application("AppArray") = LocalArray
%>
```

这一段脚本执行之后，Application 对象中 AppArray 的第一个元素值，就改变为字符串"The first element"。

需要注意的是：一旦在页面中创建应用程序变量，则应用程序变量会一直保存在内存中，直到服务器关闭，或者整个应用程序被卸载为止。这些变量不会因为某个用户，或者所有用户离开而自动消失。也就是说，在 Application 对象中定义的变量，将会长期占用内存，对服务器的性能造成一定影响，所以需要小心使用，不要随意创建。

6.1.4 Application 对象的事件

Application 对象有两个事件，如表 6-3 所示。

表 6-3 Application 对象事件表

事件名	功能简述
Application_OnEnd	此 Application "结束后"，就调用该程序
Application_Onstart	此 Application "开始前"，就调用该程序

Application_Onstart 事件和 Application_OnEnd 事件的处理程序，被放在文件 Global.asa 中。它的用法如下所示。

```
<Script Language="VBScript" RunAt="Server">
Sub Application_OnEnd
    相应的处理程序……
    Sub End


Sub Application_OnStart
    相应的处理程序……
Sub End
</Script>
```

ASA 文件是一个非常重要的文件，在这个文件中，可以指定事件脚本，声明变量和对象。Global.asa 文件用来存储数据信息和应用程序全局使用的对象。一个 Web 应用程序，只有一个 Global.asa 文件，且存放在该应用程序所在的目录下。

因此，Application_Onstart 事件和 Application_OnEnd 事件的处理过程，必须写在 Global.asa 文件中。当 Web 服务器启动，并允许运行应用程序时，触发 Application_Onstart 事件。退出应用程序时，Application_OnEnd 事件发生后，执行 Application_OnEnd 数据过程。

四、任务实施

- 步骤 1 创建 ASP 文档作为网站统计的页面，并保存到网站网点根目录
- 步骤 2 编写网站单击率输出函数，对统计结果数字进行美化
- 步骤 3 使用 Application 对象进行网站的统计
- 步骤 4 在页面中输出统计结果。基本的参考代码内容如下

```
<%@ Language=VBScript %>
<%Function Digital ( counter )
    Dim i, MyStr, sCounter
    sCounter = CStr(counter)           '将 counter 转换为字符型，以便处理
    '在前面补 0，假定计数器长为 8 位    00000123
    For i = 1 To 8 - Len(sCounter)
        MyStr = MyStr & "<IMG SRC=Counter\0.gif>"
    Next
    '依次读取 counter 中的每位数字，并转换为相应的图片
    For i = 1 To Len(sCounter)
        MyStr = MyStr & "<IMG SRC=Counter\" & Mid(sCounter, i, 1) & ".gif>"
                    ' <IMG SRC=Counter\ i.gif>
    Next
    '将输出的图片字符串返回
    Digital = MyStr
End Function
```

```
    Application.Lock
    Application("Counter") = Application("Counter") + 1
    Application.UnLock
%>
<HTML><HEAD><TITLE>计数器演示版</TITLE></HEAD>
<BODY>
    <h2 align="center"><font color="#0000FF">这是一个网站计数器的演示程序</font></h2>
    <hr>
    <p align="center">您是本站第 <%=Digital(Application("Counter"))%> 位访客，欢迎光临</p>
</BODY>
</HTML>
```

6.2 任务二　网页身份验证

一、任务描述

有许多网页要有身份验证，注册登录后才可以进入并浏览网页。但总有一些人违反使用，如 QQ 会员登录，把会员登录后的地址栏中的内容复制、粘贴就可以。这就是典型绕过登录身份进行身份认证。本单元的任务实现的功能，会员只有通过身份验证才能浏览网页；如果没有进行身份验证，系统会自动跳转到登录页面，效果如图 6-2-1 和图 6-2-2 所示。

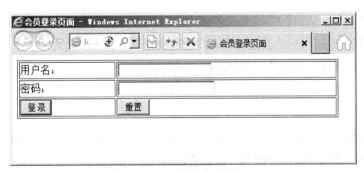

图 6-2-1　网页身份验证（1）

图 6-2-2　网页身份验证（2）

二、任务分析

解决如上问题方法很简单,当用户登录成功后,会设置一个 Session 的值。在需要用户登录后才可以浏览页面,加入一个判断相应 Session 值的条件语句,如果找不到相应的 Session 值,就给直接跳转到登录页面。

三、知识准备

6.2.1 Session 对象

与 Application 对象具有相近作用,另一个实用的 ASP 内建对象就是 Session。可以使用 Session 对象,存储特定用户会话所需的信息。当用户在应用程序页之间跳转时,存储在 Session 对象中的变量不会清除;用户在应用程序中访问页面时,这些变量始终存在。当用户请求来自应用程序 Web 页时,如果该用户还没有会话,则 Web 服务器将自动创建一个 Session 对象。当会话过期或被放弃后,服务器将终止该会话。

通过向客户程序发送唯一的 Cookie,可以管理服务器上的 Session 对象。当用户第一次请求 ASP 应用程序的某个页面时,ASP 要检查 HTTP 头信息,查看报文中是否有名为 ASPSESSIONID 的 Cookie 发送过来。如果有,则服务器会启动新的会话,并为该会话生成一个全局唯一的值,再把这个值作为新 ASPSESSIONID Cookie 的值发送给客户端。正是使用这种 Cookie,可以访问存储在服务器上属于客户程序的信息。

Session 对象最常见的作用就是存储用户首选项。如果用户指明不喜欢查看图形,就可将该信息存储在 Session 对象中。另外还经常用在鉴别客户身份程序中。要注意的是,会话状态仅在支持 Cookie 的浏览器中保留,如果客户关闭 Cookie 选项,Session 也不能发挥作用。

6.2.2 Session 属性

1. SessionID

SessionID 属性返回用户的会话标识。在创建会话时,服务器会为每一个会话生成一个单独的标识。会话标识以长整形数据类型返回。

在很多情况下 SessionID 可以用于 Web 页面注册统计。

2. TimeOut

Timeout 属性以分钟为单位,为该应用程序的 Session 对象,指定超时时限。如果用户在该超时时限之内不刷新或请求网页,则该会话将终止。

6.2.3 Session 方法

Session 对象仅有一个方法,就是 Abandon。

Abandon 方法删除所有存储在 Session 对象中的对象,并释放这些对象的源。如果未明确地调用 Abandon 方法,一旦会话超时,服务器将删除这些对象。

当服务器处理完当前页时,下面示例将释放会话状态。

```
<% Session.Abandon %>
```

6.2.4 Session 事件

Session 对象有两个事件，用于在 Session 对象启动和释放是运行过程。

1．Session_OnStart 事件

Session_OnStart 事件在服务器创建新会话时发生，服务器在执行请求页之前，先处理该脚本。Session_OnStart 事件是设置会话期变量的最佳时机，因为在访问任何页之前，都会先设会话期变量。

尽管 Session_OnStart 事件在包含 Redirect 或 End 方法调用情况下，Session 对象仍保持。然而服务器将停止处理 Global.asa 文件，并触发 Session_OnStart 事件的文件中的脚本。

为确保用户在打开某个特定 Web 页，始终启动一个会话，可以在 Session_OnStart 事件中调用 Redirect 方法。当用户进入应用程序时，服务器将为用户创建一个会话，并处理 Session_OnStart 事件脚本。

可以将脚本包含在该事件中，检查用户打开的页是不是启动页。如果不是，就指示用户调用 Response.Redirect 方法启动网页。其基本的程序如下所示。

```
<SCRIPT RUNAT=Server Language=VBScript>
Sub Session_OnStart
startPage = "/MyApp/StartHere.asp"
currentPage = Request.ServerVariables("SCRIPT_NAME")
if strcomp(currentPage,startPage,1) then
Response.Redirect(startPage)
end if
End Sub
</SCRIPT>
```

上述程序只在支持 Cookie 的浏览器中运行。不支持 Cookie 的浏览器不能返回 SessionID Cookie。所以每当用户请求 Web 页时，服务器都会创建一个新会话。这样，对于每个请求服务器，都将处理 Session_OnStart 脚本，并将用户重定向到启动页中。

2．Session_OnEnd 事件

Session_OnEnd 事件在会话被放弃或超时发生。 Session_OnEnd 事件会话可以通过以下三种方式启动。

（1）一个新用户请求访问一个 URL，该 URL 标识某个应用程序中的 .asp 文件，并且该应用程序的 Global.asa 文件包含 Session_OnStart 过程。

（2）用户在 Session 对象中存储了一个值。

（3）用户请求了一个应用程序的 .asp 文件，并且该应用程序的 Global.asa 文件使用 <OBJECT> 标签创建带有会话作用域的对象的实例。

6.2.5 Session 对象应用

可以在 Session 对象中存储值。存储在 Session 对象中的信息，在会话及会话作用域内有效。下列脚本演示两种类型的变量的存储方式。

```
<%
Session("username") = "Janine"
Session("age") = 24
%>
```

但如果将对象存储在 Session 对象中，而且使用 VBScript 作为主脚本语言。则必须使用关键字 Set。如下列脚本所示。

```
<% Set Session("Obj1") = Server.CreateObject("MyComponent.class1") %>
```

然后，就在后面 Web 页上，调用 MyComponent.class1 方法和属性，调用方法如下。

```
<% Session("Obj1").MyMethod %>
```

也可以通过展开该对象的本地副本，并使用下列脚本来调用。

```
<%
Set MyLocalObj1 = Session("Obj1")
MyLocalObj1.MyObjMethod
%>
```

创建有会话作用域对象另一方法，是在 global.asa 文件中使用 <OBJECT> 标记。但不能在 Session 对象中存储内建对象。如下面每一行代码都将返回错误。

```
<%
Set Session("var1") = Session
Set Session("var2") = Request
Set Session("var3") = Response
Set Session("var4") = Server
Set Session("var5") = Application
%>
```

如果用户在指定时间内，没有请求或刷新应用程序中的任何页，会话将自动结束，这段时间的默认值是 20 分钟。可以通过在 Internet 服务管理器中设置"应用程序选项"属性页中的"会话超时"属性，改变应用程序的默认超时限制设置。可以依据 Web 应用程序的要求，和服务器的内存空间来设置此值。

如果希望浏览 Web 应用程序用户，在每一页仅停留几分钟，就应该缩短会话的默认超时值。过长的会话超时值，将导致打开的会话过多，而耗尽服务器的内存资源。

对于一个特定的会话，如果想设置一个小于默认超时值超时值，可以设置 Session 对象的 Timeout 属性。如下面这段脚本将超时值设置为 5 分钟。

```
<% Session.Timeout = 5 %>
```

当然也可以设置一个大于默认设置的超时值，Session.Timeout 属性决定超时值。还可以通过 Session 对象 Abandon 方法，显式结束一个会话。如在表格中提供一个"退出"按钮，将按钮的 ACTION 参数，设置为包含下列命令.asp 文件的 URL。

```
<% Session.Abandon %>
```

 四、任务实施

◯ 步骤1　制作网页身份验证的登录页面登录表单

制作网页身份验证的登录页面，制作登录表单，并保存为 login.asp。网页身份验证的登录页面 HTML 表单登录代码如下。

```
<form name="form1" method="post" action="">
<table width="500" border="1">
  <tr>
    <td>用户名：</td>
    <td><input name="username" type="text" class="ipt" /></td>
  </tr>
  <tr>
    <td>密码：</td>
    <td><input name="pwd" type="password" class="ipt_pass" /></td>
  </tr>
  <tr>
    <td><input name="go" type="submit" class="btn" value="登录" /></td>
    <td><input name="reset" type="reset" class="btn" value="重置" /></td>
  </tr>
</table>
</form>
```

◯ 步骤2　编写登录网页身份验证程序

编写登录网页身份验证程序，程序代码如下。

```
<%
Dim username,pwd,flag
username=request.form("username")
pwd=request.form("pwd")
go=request.form("go")
if go<>"" then
  if username="admin" and pwd="admin" then
    session("username")=username
    session("flag")=true
    response.Redirect("main.asp")
  else
```

```
        response.write "您输入的用户名或密码错误,请重新输入!"
      end if
end if
%>
```

○ **步骤 3　设置身份验证判断程序**

创建会员中心主页面 ASP 文档,设置身份验证判断程序,保存文件为 main.asp,代码如下。

```
<head>
<%
   if session("flag")<>true then response.Redirect("login.asp")
%>
<meta http-equiv="Content-Type" content="text/html; charset=gb2312" />
<title>网站会员中心页面</title>
</head>
<body>
<h3>欢迎您成为我们的会员,这是网站会员中心页面!</h3>
</body>
```

○ **步骤 4　测试运行**

保存所有文件,分别用未登录和登录两种状态,对 main.asp 页面进行测试,观察运行结果。

6.3 任务三　获取网站当前在线人数

一、任务描述

很多网站都需要了解网站的访问数与当前的网站在线人数,尤其在论坛中,当前在线人数是一个很重要数据。本单元的任务,将利用 ASP 内置对象,完成一个在线人数统计,效果如图 6-3-1 和图 6-3-2 所示。

图 6-3-1　用户登录页面

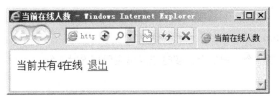

图 6-3-2 当前在线人数页面

二、任务分析

网站在线人数统计需要通过 Global.asa 文件代码实现用户的在线统计。通过 Session 对象的两个事件，来完成在线人数的添加和减少。可在 Session 对象中设置一个变量，作为网站的在线人数变量，用于统计网站在线人数。对于共享对象，首要处理的就是解决共享的问题，可以使用 ASP 内置对象 Application 完成。Application 对象是一个共享对象，使用 Lock 与 UnLock 这两个方法来解决共享冲突问题。

三、知识准备

6.3.1 ASP 的 Global.asa 文件

Application 和 Session 对象的 OnStart、OnEnd 事件脚本，都必须在 Global.asa 文件中声明。.asa 是文件后缀名，它是 Active Server Application 首字母缩写。Global.asa 文件可以管理两个对象：Application、Session。

Global.asa 其实是一个可选文件，程序编写者在该文件中指定事件脚本，并声明具有会话和应用程序作用域对象。该文件的内容不是用来给用户显示，而是用来存储事件信息和由应用程序全局使用的对象。文件必须存放在应用程序根目录内。

6.3.2 Global.asa 文件调用

每个 ASP 的应用程序只能有一个 Global.asa 文件。并且 Global.asa 文件仅用于创建对象引用和启动，以及结束 Application 对象和 Session 对象。

Global.asa 文件主要基于会话级事件被访问，在以下三种情况下被调用。

（1）当 Application_OnStart 或 Application_OnEnd 事件被触发。

（2）当 Session_OnStart 或 Session_OnEnd 事件被触发。

（3）当引用一个在 Global.asa 文件里被实例化的对象（Object）。

在 ASP 应用程序中，通常 Global.asa 的标准文件格式如下。

```
<SCRIPT LANGUAGE="VBScript" RUNAT="Server">
Sub Application_OnStart
'Application_OnStart 当任何客户首次访问该应用程序的首页时运行
End Sub

Sub Session_OnStart
'Session_OnStart 当客户首次运行 ASP 应用程序中的任何一个页面时运行
End Sub
```

```
Sub Session_OnEnd
'Session_OnEnd 当一个客户的会话超时或退出应用程序时运行
End Sub

Sub Application_OnEnd
'Application_OnEnd 当该站点的 Web 服务器关闭时运行
End Sub
</SCRIPT>
```

四、任务实施

● 步骤1 创建 Global.asa 文件

创建 Global.asa 文件，并保存到网站根目录中。代码如下所示。

```
<SCRIPT LANGUAGE=VBScript RUNAT=Server>
Sub Application_onStart   '初始值为 0
Application("OnLine") = 0
End Sub
Sub Session_onStart   '一个用户访问进行记数加 1
Application.Lock
Application("OnLine") = Application("OnLine") + 1
Application.Unlock
End Sub
Sub Session_OnEnd   '一个用户进程的结束，记数减 1  （如果没有该事件程序，则执行的就是页面访问程序了。）
Application.Lock
Application("OnLine") = Application("OnLine") - 1
Application.Unlock
End Sub
</SCRIPT>
```

● 步骤2 创建在线人数显示页面

创建在线人数显示页面 online.asp，在该页面中编写如下功能。
- 编写 ASP 代码，通过 URL 参数是否为"true"来判断是否退出程序。
- 编写显示代码，显示当前在线人数。
- 编写"退出"HTML 退出链接。

以上操作的参考代码如下所示。

```
<%
if request.querystring("logout")="true" then
session.Abandon()
response.end
end if
%>
<body>
当前共有<%=Application("OnLine")%>在线
<a href="online.asp?logout=true">退出</a>
```

◯ 步骤3 创建用户登录页面

创建用户登录页面 login.asp。在登录页面中实现如下功能。
- 通过读取 URL 参数来确定是否注销当前的 Session 对象。
- 判断登录的用户名和密码是否为 admin。
- 在线人数累加并显示。
- 制作登录的表单页面。

以上操作的参考代码如下所示。

```
<%
if request.querystring("logout")="true" then
session.Abandon()
end if
submitname=request.form("submit")
if submitname="submit" then
name=request.form("name")
pwd=request.form("pwd")
if name="admin" and pwd="admin" then
session("name")=name
session("pass")=true
else
response.write "Error Name Or Pwd.<a href=' login.asp' >Back</a>"
response.end
end if
application.lock
application("online")=application("online")+1
application.unlock
%>
当前注册会员<%=application("online")%>人。
<a href="login.asp?logout=true">退出</a>
```

```
<%else%>
<form action="login.asp" method="post">
用户名：<input type="text" name="name"><br>
密码：<input type="password" name="pwd"><br>
<input type="submit" name="submit" value="submit">
<%end if%>
```

➲ 步骤 4　测试运行

分别对 online.asp 和 login.asp 进行测试，观察运行结果。

项目七 使用 ASP 内置对象 Cookie 和 Server

项目背景

常见的 ASP 内置对象有 Response 对象、Request 对象、Application 对象和 Session 对象。

掌握 Reuqest 对象从客户端接收信息；Response 对象响应客户端请求，将信息传递给用户；Application 对象可以提供给多个客户端共享信息，所有的客户端用户都可以访问 Application 对象中保存的数据；Session 对象用于记录特定用户的相关信息。本项目学习 ASP 内置对象中的 Cookis 对象和 Server 对象。

- 任务一　网站登录功能完善
- 任务二　站点点击量优化

技术导读

本项目技术重点：
- 了解 Cookies 对象的应用场合
- 使用 Request 对象读取客户端 Cookies 数据
- 使用 Response 对象在客户端写入 Cookies 数据
- 掌握 Cookies 对象在网页中的应用
- 利用 HTMLEncode 方法进行 HTML 编码
- 利用 URLEncode 进行 URL 编码
- 用 MapPath 方法获取文件的物理路径

7.1 任务一　网站登录功能完善

一、任务描述

现在许多网站都有新用户注册这一项，注册完成后，等到下次再访问该站点时，它会自动识别。或者之前登录之后，再次访问该网站时，不需要登录而可以直接识别，这就是 ASP 内置对象中的 Cookis 对象实现功能。

本任务就来实现这样一种功能，制作完成的效果如图 7-1-1 所示。

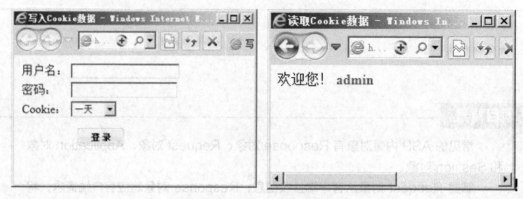

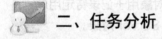

图 7-1-1　Cookies 数据的读写

二、任务分析

Cookies 是一种能够让网站服务器把少量数据，储存到客户端的硬盘或内存，或是从客户端的硬盘读取数据的一种技术。当浏览网站时，Cookies 把 Web 服务器上的信息存储在用户硬盘上的一个非常小的文本文件中。它可以记录用户 ID、密码、浏览过的网页、停留的时间等信息。当用户再次来到该网站时，网站通过读取 Cookies，得知用户相关信息，做出相应的动作。如在页面显示欢迎标语，或者不用输入 ID、密码就直接登录等。

三、知识准备

7.1.1　Cookies 对象

Cookies 是服务器暂存在用户电脑里的用户身份资料（.txt 格式文本文件），在用户电脑的 Cookies 文件夹下，根据登录计算机用户的身份不同，存储在不同用户的 Cookies 文件夹下。

如图 7-1-1 所示，存储在用户 administrator 默认文件夹下的 Cookies 文件，当用户浏览网站的时候，Web 服务器会先传送一些资料到用户的计算机上，Cookies 会把用户在网站上所输入的文字或是一些选择都记录下来。当下次再访问同一个网站时，Web 服务器会先看看有没有上次访问该网站留下的 Cookies 资料，有的话就会依据 Cookies 里的内容来判断使用者，送出特定的网页内容给用户。

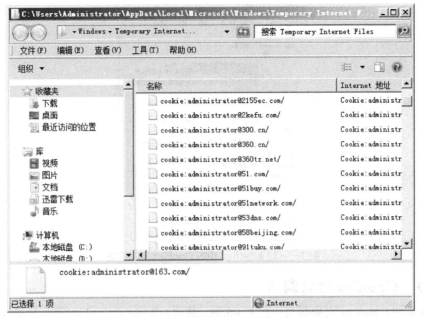

图 7-1-2　Cookies 在用户电脑上的存储位置

7.1.2　Cookies 对象应用场合

Cookies 是一种能够让网站服务器把少量数据储存到客户端的硬盘或内存，或是从客户端的硬盘读取数据的一种技术。从本质上讲，它可以看作是用户身份证信息。但 Cookies 不能作为代码执行，也不会传送病毒，且并只能由提供它的服务器来读取。

Cookies 保存的信息片断，以"名/值"对(name-value pairs)的形式储存，一个"名/值"对仅仅是一条命名的数据。

打开 IE 浏览器软件，单击"工具 → Internet 选项"，单击"设置 → 查看文件"，列出全部 Internet 临时文件。单击"Internet 地址"排序，看到很多如同"cookies:username@hostname"的文本文件，其"hostname"是网站域名(如 163.com)，"username"是访问该网站的 Windows 账号(如 administrator)，因此"cookies:administrator@163.com"表示用户曾经用 administrator 这个账号访问过 163.com，163.com 生成这个 Cookies 文件记录有关信息。

现在很多网站都使用 Cookies 技术记录访问者信息。Cookies 可以把用户的信息记录到本地硬盘上，便于下次该网站能自动识别用户身份，甚至不需要输入用户名和密码就能直接进入，这给网站和访问者都提供了方便。

但同时也给用户个人隐私带来安全隐患。通过 IE 浏览器中"隐私"选项中设置，决定是否允许网站利用 Cookies 跟踪用户信息，从全部限制到全部允许或者限制部分网站。也可以通过手动方式，对具体的网站设置，允许或者禁止使用 Cookies 进行编辑。

IE 浏览器默认设置是"中级"，即对部分网站 Cookies 限制。Cookies 设置通过菜单"工具"/"Internet 选项"/"隐私"菜单查看和修改，如图 7-1-3 所示。

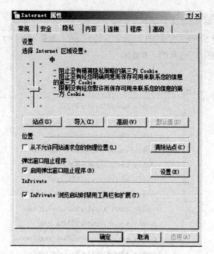

图 7-1-3　Internet 中的 Cookies 隐私设置

7.1.3　Cookies 对象调用

Request 和 Response 对象都有一组 Cookies。其中：Request.Cookies 集合是系统 Cookies，从客户端请求信息一起发送到 Web 服务器。如果希望把 Cookies 发送到客户机，就可以使用 Response.Cookies。

通过 ASP 可以创建并取回 Cookies 值，是使用 Cookies 的两种基本方式，如图 7-1-4 所示。

图 7-1-4　Cookies 集合的读写原理

1. 写入 Cookies 数据

Cookies 是网站中的一些标记，用来记录用户在网站中曾经输入的数据。使用 Cookies 可以减少用户输入数据的次数，使操作更加简单方便。

使用 Response.Cookies 数据集合，可以在客户端创建一个 Cookies，其语法是：

```
Response.Cookies（cookies 名称）[键名称|属性]=cookies 值
```

同名的 Cookies 可以用键名区分，下面创建 Cookies 名称为 user 的 Cookies 集合。以下示例显示了调用过程。

```
<%
Response.cookies("user")("firstname")="tao"
Response.cookies("user")("lastname")="bao"
Response.cookies("user")("country")="norway"
```

```
Response.cookies("user")("age")="25"
%>
```

客户端机器上的 Cookies 集合是以字符串形式存在，上面的 Cookies 集体在客户端机器上存在的方式如下所示。

```
User=firstname=tao&lastname=bao&country=Norway&age=25
```

● Expires：过期属性。

只允许读，Cookies 的过期时间，即 Cookies 的生命周期。Cookies 变量虽存放在客户端机器上，却也不是永远不会消失。可以在程序中设定有效日期，只要指定 Cookies 变量 Expires 属性即可。通过对该属性赋一个日期，过了这个日期，Cookies 就不能再被使用。

通过给 Expires 属性赋一个过期日期，就可以删除 Cookies。使用语法如下所示。

```
Response.cookies(cookiesName).Expires=#日期#
```

下面代码，就可以设置 Cookies 使用到期时间为 2010 年 1 月 1 日。

```
Response.cookies(cookiesName).Expires=#January 01,2014#
```

执行下面的代码，将设定 Cookie 的过期时间为"Cookies 的创建时间+365 日"。

```
Response.cookies(cookiesName).Expires=Date+365
```

● HasKeys：只允许读。

HasKeys 指定 Cookies 是否包含键名，如果所请求的 Cookies 是一个具有多个键值的 Cookies 字典，则返回 True，它是一个只读属性。

2．读取 Cookies 数据

使用 Response.Cookies 数据集合，可以在客户端创建一个 cookies，那么 Cookies 数据是如何读取的呢？

使用 Request 对象的 Cookies 数据集合可以读取 Cookies 数据，语法如下。

```
Cookies value=Request.Cookies(Cookies 名称)[键名|属性]
```

同名的 Cookies 使用键名来区别，可以将 Request 值当作一个变量看待。执行下面的代码，将取回名字为 unserName 的 Cookies 值，并存入变量 uName 中。

```
uName=Request.cookies("userName")
```

执行下面的代码，可以读取当前所有的 Cookies 值。

```
For Each cookiesName In Request.Cookies
    Response.write(cookiesName&"的值为"&Request.cookies(cookiesName)&"<br>")
Next
```

其中，上面的程序中使用 Request.cookies 读取 Cookies 数据，这种方法只能读取小部分

Cookies。对于有键名同名的 Cookies，上面这段程序无法读取 Cookies 键名。可以对程序进行改进。使用 HasKeys 判断是否存在键名：如果存在键名，则读取有关键字的 Cookies 数据；如果没有，则直接读取 Cookies 数据。

改进代码如下所示。

```
<%
For Each cookiesName In Request.Cookies
    If Request.cookies(cookiesName).HasKeys Then
    For Each keyCookies In Request.Cookies(cookiesName)
        Response.write cookiesName&"."&keyCookies&"的值为"&Request. Cookies
(cookiesName)(keyCookies)&"<br>"
    Next
    Else
        Response.write(cookiesName&"的值为"&Request.cookies(cookiesName)&
" <br>")
    End If
Next
%>
```

四、任务实施

○ 步骤 1 设置初始页面

首先设置初始页面，并读取名字为 userName 的 Cookies 值：

```
<%@ language="VBScript"%>
    Dim userName
    userName=Request.Cookies("userName")
%>
```

○ 步骤 2 判断 Cookies 值

判断是否已经存在 Cookies 值，并且 Request("userName")是否为空。

```
If userName="" and Request("userName=")<>"" then
  response.Cookies("username")=request("username")
  response.Cookies("password")=request("password")
  response.Cookies("username").expires=date+cint(request("cookiename"))
  Response.Redirect "示例 2.asp"
  Else%>
```

○ 步骤 3 制作登录表单

制作登录表单，表单的用户名文本框和密码框的名称分别为 userName 和 password。表单提交给自身页面。

```
<FORM action="" method="post" name="myform">
  <tr><td class="left">用户名：</td>
    <td><INPUT name="username" type="text" /></td>
  </tr>
  <tr><td class="left">密码：</td>
    <td><INPUT name="password" type="password" /></td>
  </tr>
  <tr> <td class="left">Cookie：</td>
    <td><SELECT name="cookiename">
      <option value="1">一天</option>
      <option value="7">一星期</option>
      <option value="30">一个月</option>
      <option value="365">一年</option>
    </SELECT></td>
  </tr>
  <tr>
    <td colspan="2" align="center" height="45"><a href="javascript:myform.submit()"><img src="image/dl.gif" border="0"/></a></td>
  </tr></FORM>
```

○ **步骤 4　创建读取 Cookies 读取页面**

创建读取 Cookies 读取页面，名称为 main.asp，与 login 页面保存在同一目录下。编写如下 Cookies 读取代码。

```
<table width="527" border="0" cellspacing="0" cellpadding="0" align="center">
  <tr>
    <td class="bg"><%dim username
    username=Request.Cookies("username")
    if username<>"" then
    response.write("欢迎您！ <font color=#ff0000><b>"&username&"</b></font>")
    else
    response.write("欢迎您，游客！请您  <a href=示例 1.asp>登录</a>  博客网站")
    end if%></td>
  </tr>
</table>
```

➲ **步骤 5　测试**

测试代码，打开 login.asp 页面进行登录，查看两次登录效果。

7.2　任务二　站点点击量优化

一、任务描述

在给一个网站做优化时，除了要进行代码的优化外，有时还要对网站的子页进行优化。如对网站的每个页面单击量的统计，就是网站优化的一项很重要的工作。本单元的任务就是模拟网站点击量优化查询的一个模拟任务，效果如图 7-2-1 所示。

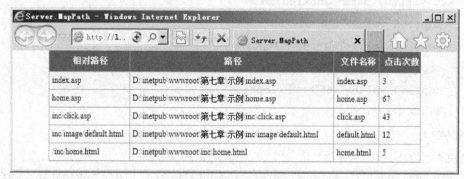

图 7-2-1　网站点击量优化列表

二、任务分析

网站点击量的统计，主要是查询网站中的每个页面被点击数。通过对每个页面点击量的统计，可以分析出客户对网站的某些信息的关注度和热度。下面通过 Server.MapPath 方法获取网站的物理路径和点击量，从而生成一个动态的网站页面点击量的表格。

三、知识准备

7.2.1　Server 服务器信息对象

Server 对象提供了访问和使用服务器的方法与属性接口。通过 Server 对象的使用，可以访问服务器的信息。Server 对象有自己的属性和方法，通过这些属性和方法的使用，来达到对服务器对象的使用。

服务器提供了一系列的对象模型，如数据库连接组件 Adodb，其访问模型有连接数据库 Connection，记录集 Recordset 等。一般来说，需要通过 Server 对象创建一个这样的对象模型的实例，然后才能正确使用这些对象模型。

Server 对象的基本语法结构：

```
Server.属性|方法（变量或字符串|=整数）
```

● Server 对象的属性。

Server 对象只有一个属性：ScriptTimeout，该属性设置 Web 服务器响应一个网页请求所需要的时间。如果脚本超过该时间限制还没有执行，它将被中止，并提交超时错误。

该属性的单位是"秒"，默认值是 90 秒。基本语法结构如下。

```
<% Server.ScriptTimeout = 100 %>
```

这段代码表示将延时期限设置为 100 秒。也就是说，如果脚本超过 100 秒没有被执行的话，将被中止，并提交超时错误。

● Server 对象的方法。

CreateObject 方法用来创建一个已经注册到服务器上的组件实例。利用其可以完成数据库的连接、文件访问和其他脚本不能提供的功能。其引用格式为

```
Server.CreateObject("组件注册名")
```

如下为实际应用类型，该脚本是用 Server 的 CreateObject 方法，创建一个数据库连接实例。

```
<% set rs = Server.CreateObject("ADODB.Connection") %>
```

7.2.2　Server 对象方法

1．HTMLEncode 方法

HTML 是用标记"<"和">"括起来的，通常这些标记被浏览器标识为系统标记，不会显示在浏览器上。如果使用 Server 对象的 HTMLEncode 方法，可以将"<"和">"之间的符号显示在浏览器上。如想显示字符"<hr>"，浏览器显示是一条直线。如果用 HTMLEncode 方法，就可以显示字符"<hr>"。其引用格式为

```
Server. HTMLEncode("含有 HTML 标记的文字")
```

下面的例子是演示使用 HTMLEncode 方法，将<B>和</B>直接在网页中输出的方法示例。

```
<%dim str,str1
    str=Server.HTMLEncode("<B>不想把这段文字加粗</B>")
    str1="<B>不想把这段文字加粗</B>"
    response.write("在 HTML 网页中使用字符串 str 和 str1 的显示结果如下：<BR>")
    response.write (str&"<BR>")
    response.write (str1)%>
```

其中在上面的代码中，HTMLEncode 方法首先声明两个变量(str 和 str1)。对同一段文字使用 Server.HTMLEncode 字符串赋值给 str，把没有使用 Server.HTMLEncode 字符串赋值给 str1，然后把两个字符串变量输出在网页上，在浏览器中的运行结果如图 7-2-2 所示。

可以看到，经过 Server.HTMLEncode 方法处理后字符串中，<B></B>在网页中显示，而直接在网页中应用<B>和</B>，则被浏览器解释为对<B>和</B>之间文字加粗。

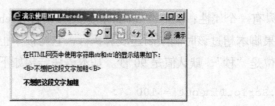

图 7-2-2 HTMLEncode 方法

2．URLEncode 方法

URLEncode 方法将一个字符串，按照标准 URL 编码约定重新编码，包括其中所有的类型字符，如字母、空格和转义符等。这种方法用在把一个字符串在 ASP 程序中，作为参数传递时使用。因为传递的字符串中可能含有非标准 URL 编码，导致 HTML 请求错误。

该方法的引用格式为

```
Server.URLEncode(需要编码的字符串)
```

例如下面的脚本，将给定的字符串编码为 URL 可以接受的格式。

```
<%
    Response.write(server.URLEncode("http://www.tuofan.com.cn"))
%>
```

在网页中输出的结果为 http%3A%2F%2Fwww%2Etuofan%2Ecom%2Ecn。

3．Mappath 方法

Mappath 方法返回某个文件，或者一个虚拟路径在计算机硬盘上的绝对路径。

它的引用格式为

```
Server.Mappath(路径)
```

其中：

（1）以斜杠（/）或反斜杠（\）开始字符串，返回一个相对于服务器根目录的所在地址；

（2）如果没有这样的斜杠或反斜杠，返回一个相对于该 ASP 文件所在地址的物理地址，也即该文件在机器上的绝对物理路径；

（3）只是一个斜杠或反斜杠，将返回服务器的根目录地址。

此外，MapPath 方法不支持相对路径语法（.）或（..）。相对路径../myDir/myFile.txt 返回一个错误。

MapPath 方法还不检查返回的路径是否正确，或在服务器上是否存在。因为 MapPath 方法只映射路径，而不管指定的目录是否存在。可以先用 MapPath 方法映射物理目录结构的路径，然后再传递到服务器上，创建指定目录或文件的组件。

如文件 test.asp 位于目录 c:\inetpub\wwwroot\home 下，将 c:\inetpub\wwwroot 目录设置为服务器的主目录的参考代码为

```
<%
    Response.write Server.MapPath(Reqeust.ServerVariables("PATH_INFO"))%>
```

或<%Response.write Server.Mapth("test.asp")%>

该段代码返回的结果为

c:\inetpub\wwwroot\home\test.asp

使用 Request.ServerVariables("PATH_INFO")，可以获取当前文件的虚拟路径，再调用 Server.MapPath()方法，就可以得到真实的物理路径。

四、任务实施

- 步骤 1　创建 ASP 网页，并在网页中插入一个 2 行 4 列的表格
- 步骤 2　编写 ASP 代码，定义两个数组，用于保存文件的路径和点击量
- 步骤 3　使用 Server.MapPath 方法获取文件的物理路径
- 步骤 4　利用循环对数据中的文件路径、文件名和点击量进行输出
- 步骤 5　运行网页，查看输出效果

以下操作的参考代码如下。

```
<table width="460" border="0" cellspacing="0" cellpadding="0" align="center">
  <tr align="center">
    <td class="h1">相对路径</td>
    <td class="h1">路径</td>
    <td class="h1">文件名称</td>
    <td class="h1">单击次数</td>
  </tr> <%dim path,click,i,filepath,filename,max
path=array("index.asp","home.asp","inc/click.asp","inc/image/default.html","/inc/home.html")
    click=array(3,67,43,12,5)
    for i=0 to 4
    filepath=server.MapPath(path(i))
    filename=Split(filepath, "\")
    max=UBound(filename)%>
    <tr>
      <td><%response.write path(i)%></td>
      <td><%response.write filepath%></td>
      <td><%response.write filename(max)%></td>
      <td class="right"><%response.write click(i)%></td>
    </tr>
  <%next%>
</table>
```

PART 8 项目八 处理及使用异常

项目背景

测试 ASP 应用程序时,如果程序出现错误,就需要程序员针对产生的错误,使用相应的方法来调试程序。程序调试在开发程序的整个流程中,占有非常重要的位置,因为只有准确、快速地解决程序运行时出现的错误,才能使程序正常运行,并投入使用。

本项目从实际应用的角度出发,向读者介绍常见程序调试的方法和常见错误的处理方法,使读者能够准确地分析和处理程序错误,从而节省程序开发时间。

- 任务一　使用 stop 语句调试
- 任务二　应用 ERROR 对象调试
- 任务三　截获系统错误并给出提示

技术导读

本项目技术重点:
- 掌握程序错误分类
- 掌握几种程序调试方法
- 处理常见错误
- 理解 ERROR 对象的方法与属性

8.1 任务一　使用 stop 语句调试

一、任务描述

使用 VBScript 程序中的 stop 语句调试，完成错误调试的效果，如图 8-1-1 所示。

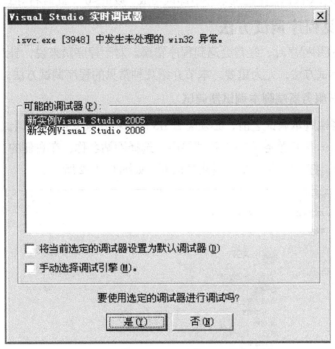

图 8-1-1　使用 VBScript 的 stop 语句调试

二、任务分析

在编写程序时，可以使用 VBScript 程序的 stop 语句，在服务器端的指定代码行处，插入断点，从而实现对程序的有效调试。

三、知识准备

8.1.1　程序错误分类

在一般情况下，可以将 ASP 程序出错的原因分为 3 类，分别是语法错误、运行时错误和逻辑错误。下面分别进行介绍。

1. 语法错误

语法错误是一种经常遇到错误，它是由错误脚本语法引起。如命令拼写错误、传递函数参数值错误等。语法错误能阻止脚本运行，所以语法错误是最早出现并需要排除的。大多数情况下，解释器和编辑器会指出错误代码所在行以及所在行中的字符位置，并指出相应位置上缺少的内容。

2. 运行时错误

运行时错误发生在脚本开始执行之后，由试图执行不可能操作脚本指令所引起。

3. 逻辑错误

逻辑错误是最难发现的错误。通常逻辑错误由键入错误，或程序逻辑上的缺陷所引起。产生逻辑错误时，脚本运行没有问题，但产生结果却不正确。如在编写数据查询模块时，要查询"数量>0"的相关数据，在查询条件中却误写成"数量<0"，此时将导致查询结果不正确。

8.1.2 常见程序调试方法

在开发 ASP 应用程序时，经常会遇到程序错误。对于程序员来说，针对产生的程序错误应用正确的程序调试方法，尤为重要。本节介绍几种常见的程序调试方法。

1. 启用 ASP 服务器端脚本调试器调试

在开始服务器端脚本调试之前，必须配置 IIS 服务器使其支持 ASP 调试，步骤如下。

（1）在 Internet 信息服务（IIS）管理器中，选择网站名称，在右侧的"功能视图"中，选择"ASP"命令，打开网站的 ASP 属性对话框，如图 8-1-2 所示。

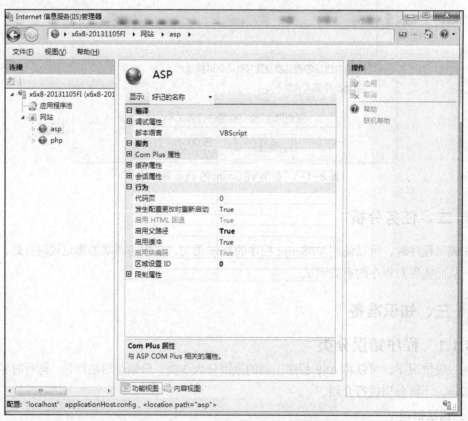

图 8-1-2 Internet 信息服务（IIS）管理器

（2）在 ASP 属性对话框中，展开"调试属性"选项卡，并单击下拉菜单"应用服务器端调试"按钮，在选项中选择"True"选项后"应用"，如图 8-1-3 所示。这样，当脚本产生错误或遇到断点时，服务器就会自动启动脚本调试器。

图 8-1-3 "默认网站属性"对话框

2. 使用 Visual InterDev 调试工具调试

在实际应用中,可以使用 Visual InterDev 调试工具进行程序调试。使用该工具,需要在本地计算机上安装 Visual InterDev 调试工具。关于 Visual InterDev 调试工具的安装源程序以及安装过程,见互联网上的相关资料,在此将不对安装过程进行详细介绍。

在 Visual Interdev 调试工具中,可以逐行调试应用程序中的代码。通过执行该工具 debug 菜单中的相关命令,实现对程序逐步调试。下面详细介绍 debug 菜单中的各命令项。

（1）run to cursor：继续执行,在鼠标所指行处暂停。

（2）step into：继续执行,在脚本的下一行暂停。如果存在子程序,则暂停在子程序第一条语句上。

（3）step over：继续执行,在脚本的下一行暂停。如果存在子程序,则跳过子程序,暂停在调用子程序语句的下一条语句上。

（4）step out：继续执行,在程序到达结尾前停止逐行运行。如果存在子程序,则从子程序中跳出,暂停在调用子程序语句的下一条语句上。

3. 使用 VBScript 的 stop 语句调试

在编写程序时,可以使用 VBScript 程序提供的的 stop 语句,在服务器端的指定代码行处,插入断点,从而实现对程序的有效调试。

下面通过实例,来介绍如何 STOP 语句进行程序调试。

新建一表单 form1,具体代码如下。

```
<form name="form1" method="post" action=" ">
用户名：<input name="txt_name" type="text" class="button" id="txt_name"
```

```
size="15">
    密码：<input name="txt_pwd" type="password" class="button" id="txt_pwd"
size="15">
    <input name="imageField" type="image" src="images/bn01.gif" width="70"
height="24" border="0" onClick="javascript:document.form1.submit();">
    <input name="imageField2" type="image" src="images/bn02.gif" width="71"
height="23" border="0">
</form>
```

在提交页面的的指定位置，使用 stop 语句设置断点，代码如下。

```
<%
    txt_name=Trim(Request.Form("txt_name"))
    txt_pwd=Trim(Request.Form("txt_pwd"))
    If txt_name<>"" Then
      stop
      If  txt_name="mr" Then
        Response.Write Request.Form("txt_name")&"为系统管理员！"
      Else
        Response.Write Request.Form("txt_name")&"为普通管理员！"
      End If
    End If
%>
```

当程序运行到 STOP 语句时，系统会给出提示信息，用户可以选择脚本调试工作，进行程序调试，调试结果如图 8-1-4 所示。

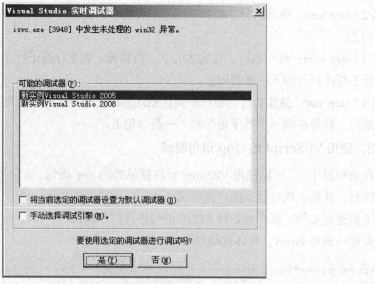

图 8-1-4　选择脚本调试

四、任务实施

◯ **步骤1 创建 ASP 文件**

打开 Dreamweaver CS5 网页编辑，单击"文件"菜单，选择"新建"，打开"新建文档"对话框。在对话框左侧选项外列表中，选择"空白页"，页面类型对话框中选择"ASP VBScript"选项，布局对话框中选择"无"。 如图 8-1-5 所示。

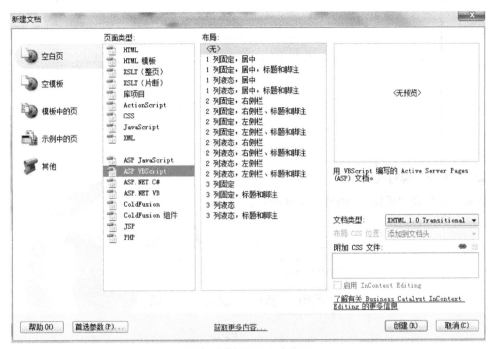

图 8-1-5　新建 ASP 页面

◯ **步骤2 插入表单**

在新建网页的视图中，插入表单，属性为默认，创建过程如图 8-1-6 所示和图 8-1-7 所示。

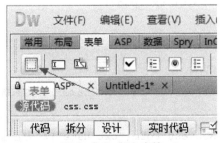

图 8-1-6　插入表单

图 8-1-7　表单属性

并在所建的表单中,插入表格和文本框,如图 8-1-8 所示。

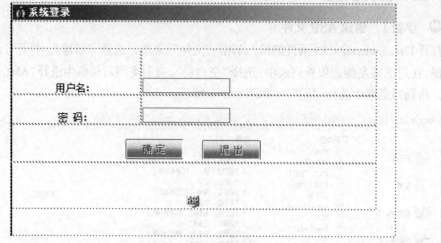

图 8-1-8　设计页面

● 步骤 3　编写代码

将网页切换到"代码",如图 8-1-9 所示。

图 8-1-9　切换代码

在表单内输入以下代码。

```
<%
txt_name=Trim(Request.Form("txt_name"))
txt_pwd=Trim(Request.Form("txt_pwd"))
If  txt_name<>""  Then
   Stop
  If txt_name="mr"  Then
    Response.Write  Request.Form("txt_name")&"为系统管理员!"
   Else
    Response.Write  Request.Form("txt_name")&"为普通管理员!"
   End If
End if
%></td>
```

➲ **步骤 4　测试脚本网页**

编写完成代码后，按 F12 键，测试网页，如图 8-1-10 所示。

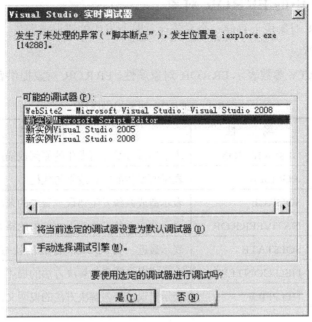

图 8-1-10　测试效果图

8.2　任务二　应用 ERROR 对象调试

一、任务描述

在 ASP 出现错误的时候，程序员都会有一系列的方法去截取程序的错误，让错误明朗化，能够更加直观地了解到错误的类型和错误的代码，显示的结果如图 8-2-1 所示。

图 8-2-1　网页无法显示

二、任务分析

为了解决这个问题，可以利用 ASP 内置的 ERROR 对象，以及 VBScript 的 ON ERROR RESUME NEXT 语句忽略。针对运行时的错误，在页面中显示错误的详细信息，从而使程序员能够准确地定位和解决出现的问题。

三、知识准备

8.2.1 ASP 中的 ERROR 对象

ASP 的 ERROR 对象用于存储一个系统运行时所发生的错误或警告。其语法格式如下。

ERROR.PROPERTY

其中：PROPERTY 参数表示 ERROR 对象属性。ERROR 对象提供属性如表 8-1 所示。

表 8-1　ERROR 对象提供属性

编　号	属　　性	描　　述
1	DESCRIPTION	表示错误或警告所发生的原因或描述
2	NUMBER	表示所发生的错误或警告代码
3	SOURCE	表示造成系统发生错误或警告的来源
4	NATIVEERROR	表示造成系统发生错误或警告的错误代码
5	SQLSTATE	表示最近一次 SQL 命令运行的状态
6	HELPCONTEXT	表示错误或警告的解决方法的描述
7	HELPFILE	表示错误或警告解决方法的说明文件

下面详细介绍 ERROR 对象的几个主要属性实现的功能。

（1）DESCRIPTION 属性

DESCRIPTION 属性表示错误或警告所发生的原因或描述。

其应用的语法格式为 String=Error.Description。

（2）NUMBER 属性

Error 对象的 Number 属性表示所发生的错误或警告代码。

其应用的语法格式为 LongInterger=Error.Number。

（3）SOURCE 属性

Error 对象的 Source 属性表示造成系统发生错误或警告的来源。其应用的语法格式为 String=Error.Source。

（4）NATIVEERROR 属性

Error 对象的 NativeError 属性表示造成系统发生错误或警告的错误代码。

其应用的语法格式为 LongInteger=Error.NativeError。

8.2.2　Error 对象的详细信息

Error 对象包含与单个操作（涉及提供者）有关的数据访问错误的详细信息。Error 对象的信息结构如下所示。

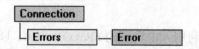

其中需要说明的是：任何涉及 ADO 对象的操作都会生成一个或多个提供者错误。每个错误出现时，一个或多个 Error 对象将被放到 Connection 对象的 Errors 集合中。当另一个

ADO 操作产生错误时，Errors 集合将被清空，并在其中放入新 Error 对象集。

需要注意的是：每个 Error 对象都代表特定提供者错误而不是 ADO 错误，ADO 错误被记载到运行时例外处理机制中。如在 Microsoft Visual Basic 中，产生特定 ADO 错误将触发 On Error 事件并出现在 Err 对象中。

此外，SQLState 和 NativeError 属性，提供来自 SQL 数据源的信息。出现提供者错误时，Error 对象将被放在 Connection 对象的 Errors 集合中。ADO 支持由单个 ADO 操作返回多个错误，以便显示特定提供者的错误信息。要在错误处理程序中获得丰富的错误信息，可使用相应的语言或所在工作环境下的错误捕获功能，然后使用嵌套循环枚举出 Errors 集合的每个 Error 对象的属性。

Microsoft Visual Basic 及 VBScript 如果没有有效 Connection 对象，则需要检索 Err 对象的错误信息。与提供者一样，ADO 在进行可能引发新的提供者错误的调用前将清除 OLE Error Info 对象。但是，只有当提供者产生新的错误或 Clear 方法被调用时，才能清空并填充 Connection 对象的 Errors 集合。

某些属性和方法返回警告以 Errors 集合中 Error 对象方式出现，但并不中止程序执行。在调用 Recordset 对象的 Resync、UpdateBatch 或 CancelBatch 方法，或 Connection 对象的 Open 方法，或者在设置 Recordset 对象的 Filter 属性之前，可通过调用 Errors 集合的 Clear 方法。这样就可以读取 Errors 集合的 Count 属性，以测试返回警告。

 四、任务实施

○ 步骤 1　创建 ASP 文档，并保存在站点目录下

打开 Dreamweaver CS5，单击"文件"菜单，选择"新建"，打开"新建文档"对话框。

在对话框左侧选项外列表中，选择"空白页"，页面类型对话框中选择"ASP VBScript"选项，布局对话框中选择"无"，如图 8-2-2 所示。

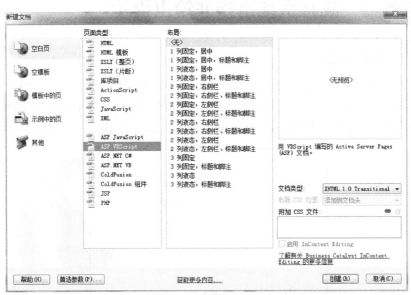

图 8-2-2　新建 ASP 文档

➡ **步骤2 编写代码**

在新建网页的代码视图<body>标签内输入以下代码。

```
<%
On Error Resume Next
'设置错误陷阱
Strtemp="明白当前时间是："&Time()&"<br>"
Response.write strtemp
time=datetime()
If Err.Number>0 Then
'当程序出错时
    Response. write"对不起，程序发生错误，停止执行。<br>"
    Response. write"错误代码："&Err.Number&"<br>"
    Response. write"错误原因："&Err.Description&"<br>"
End if
%>
```

➡ **步骤3 查看运行结果**

完成代码编辑后，按F12键，测试网页，如图8-2-3所示。

图 8-2-3 应用 error 对象调试

8.3 任务三 截获系统错误并给出提示

一、任务描述

微软 Windows 操作系统是一个界面非常友好操作系统。默认情况下，当 ASP 程序终止执行错误时，浏览器会提示"无法显示网页"或专用错误信息。这些专业术语错误信息对于新程序员来说，很难判断是什么类型错误，如图 8-3-1 所示，因此需要截获系统错误并给出提示。

图 8-3-1 网页无法显示

二、任务分析

为了解决截获系统错误并给出提示这个问题，Internet Explorer 为用户提供一个高级工具："显示友好 HTTP 错误消息"。针对运行时发生错误，在页面中显示错误详细信息，从而使程序员能够准确地定位和解决出现的问题。

三、知识准备

8.3.1 截获系统错误给出提示作用

在调试程序时，程序出错的页面有时不显示具体的错误信息，只提示"无法显示网页"。当出现这样的情况时，可以通过修改 IE 浏览器的 Internet 属性设置，使页面显示错误的详细信息，以及程序出错的具体位置。

8.3.2 截获系统错误给出提示步骤

具体操作步骤如下。

（1）打开 IE 浏览器，在 IE 浏览器中选择"工具"－"Internet 选项"菜单选项。

（2）在打开的"Internet 选项"对话框中，选择"高级"选项卡，然后在"设置"列表中设置"显示友好 HTTP 错误消息"复选框，处于未选中状态。

（3）当运行的 ASP 程序出现错误时，网页就会显示出程序出错的内容和错误代码，使程序员方便地找到程序出错原因和出现问题的代码。

四、任务实施

◯ 步骤1　运行 Internet Explorer

双击桌面上的 Internet Explorer 图标，运行浏览器软件。如图 8-3-2 所示。

图 8-3-2　启动 Internet Explorer

◯ 步骤2　打开 Internet Explorer 选项

在打开的 IE 页面中，选择"工具"－"Internet 选项"选项，打开 Internet 选项对话框，如图 8-3-3 所示。

◯ 步骤3　选择高级选项卡

在打开的"Internet 选项"对话框中，选择"高级"选项卡，如图 8-3-4 所示。

◯ 步骤4　取消"显示友好 HTTP 错误消息"复选框

在打开的"Internet 选项"中"高级"选项卡里，找到"显示友好 HTTP 错误消息"，并将前面的复选框处于未选中状态，如图 8-3-5 所示。

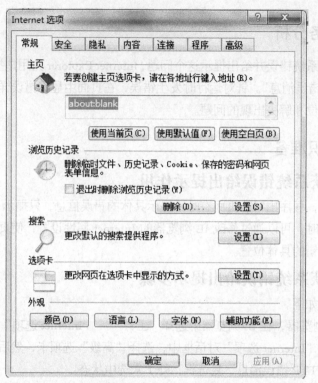

图 8-3-3　Internet 选项

图 8-3-4　Internet 选项 "高级" 选项卡

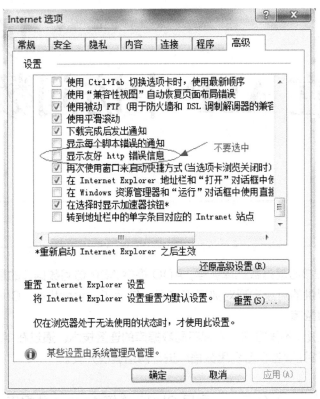

图 8-3-5　Iniernet 高级选项

○ 步骤 5　测试错误页

此时测试网页时，如果该测试网页存在问题，则会显示具体问题的信息，如图 8-3-6 所示。

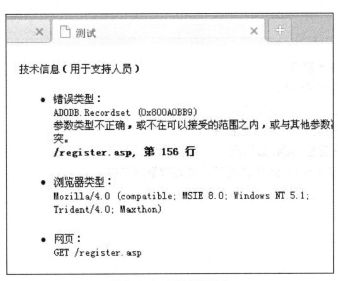

图 8-3-6　具体错误信息

PART 9 项目九 在 ASP 中访问数据库

项目背景

ASP 编程核心就是数据库编程，ADO 提供 ASP 访问数据库的最方便的方法。应用 ADO 提供的对象实现对数据库访问，包括 Connection、Command 以及 RecordSet 对象等。

本项目将通过不同方法，实现不同数据库的连接技术。通过在 ASP 中应用数据库连接，能够让读者学习利用数据库进行网络编程开发。

- 任务一　利用 ODBC 连接 Access 数据库
- 任务二　利用 ODBC 连接 SQL 数据库
- 任务三　利用 Connection 连接 Access 数据库
- 任务四　利用 Connection 连接 SQL 数据库

技术导读

本项目技术重点：
- 认识 ADO 对象
- 创建 ODBC DSN 文件
- ASP 连接 Access 数据库
- ASP 连接 SQL 数据库
- 应用 Conection 对象打开、关闭数据库连接

9.1 任务一 利用 ODBC 连接 Access 数据库

 一、任务描述

利用开放数据库互连 ODBC 接口程序，连接 Access 数据库，实现和后台数据库程序的连接，完成调试效果如图 9-1-1 所示。

图 9-1-1 利用 ODBC 连接 Access 数据库的效果

 二、任务分析

在利用 ODBC 数据库接口程序，连接 Access 数据库时，要注意在 ODBC 接口程序中，选择网络所使用的数据库类型，如 Access，SQLServer 等。如果所连接的数据库有密码，还需要 DSN 连接时，设置数据库密码。

 三、知识准备

9.1.1 访问数据库的方法

目前常使用的访问数据库的通用方法有 ODBC、OLE-DB 以及 ADO，它们将与数据库访问的细节封装起来，使得程序员能够更简单地访问数据库，省去底层编程困难。

1. ODBC 接口程序

ODBC（Open DataBase Connection，开放数据库连接），是 Microsoft 引进的早期数据库接口技术。应用程序使用 ODBC 操纵数据库，不用管数据存储在什么地方或使用哪种类型数据库。

2. OLE-DB 接口程序

OLE-DB 比 ODBC 访问速度更快、更通用，但由于 OLE-DB 由第三方编写，所以比 ODBC 费用要高。因此目前 ODBC 还在使用。OLE-DB 与 ODBC 概念类似，它允许经过现有 ODBC 连接，再连接到数据库上。

3. ADO 接口程序

ADO 是一组对象，它是比 OLE-DB 更高级、更易用的模型。使得程序能够编写通过 OLE-DB 提供者，对在数据库服务器中的数据进行访问和操作。

其主要优点是易于使用、高速度、低内存支出和占用磁盘空间较少。

9.1.2 在 Dreamweaver 中新建站点

在利用 ODBC 连接数据库前，在 Dreamweaver 网页编辑软件中，必须首先存在一个站点，才可以添加数据库。对于程序员来说，利用 Dreamweaver 新建站点来测试本地服务器网站是非常重要的一个手段。

下面介绍如何在 Dreamweaver 软件中创建一个属于自己的测试站点。

（1）启动 Dreamweaver 软件，在菜单导航栏中选择"站点"—"新建站点"选项，如图 9-1-2 所示。

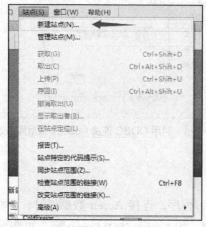

图 9-1-2 新建站点

（2）打开"新建站点"选项后，弹出"站点设置对象"对话框，选择对话框左侧"站点"选项，在右侧详细信息页面上，输入站点名称，选择"本地站点文件夹"，如图 9-1-3 所示。

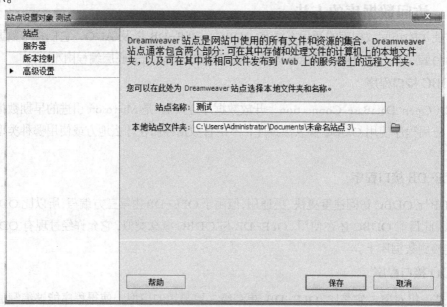

图 9-1-3 站点设置对象

(3)选择"服务器"选项,在右侧选择"+"按钮,设置测试服务器参数,如图 9-1-4 所示。

(4)在弹出对话框中输入"服务器名称",连接方法设为"本地/网络",选择"服务器文件夹"和网络测试地址(Web URL),如图 9-1-5 所示。

选择"高级设备"选项卡,在设置测试服务器"服务器模型"中,选择相应脚本语言,如图 9-1-6 所示。

(5)单击"保存"按钮,返回"站点设置对象",就可以查看到测试服务器配置内容,如图 9-1-7 所示。

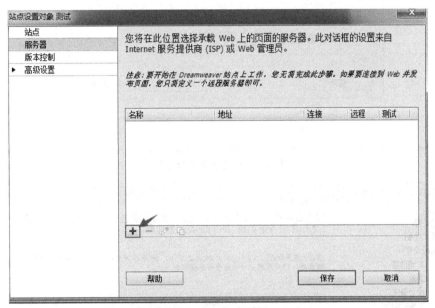

图 9-1-4 添加一个测试服务器

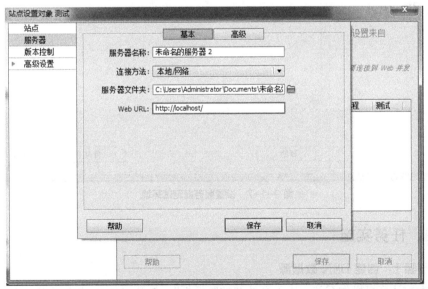

图 9-1-5 服务器基本设置

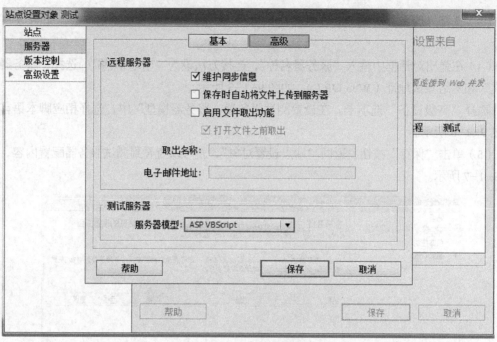

图 9-1-6　服务器高级设置

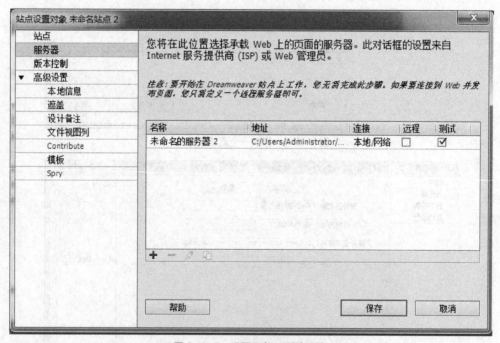

图 9-1-7　设置服务器测试环境

四、任务实施

● 步骤1　创建 DSN 数据源

打开本地计算机操作系统,进入系统"控制面板",打开 ODBC 接口程序,如图 9-1-8 所示。

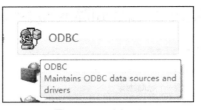

图 9-1-8 ODBC

在打开的"ODBC 数据源管理器"中选择"系统 DSN",并单击"添加",如图 9-1-9 所示。

图 9-1-9 ODBC 数据源管理器

在"创建新数据源"对话框中选择实例"Microsoft Access Driver(*.mdb)",单击完成。如图 9-1-10 所示。

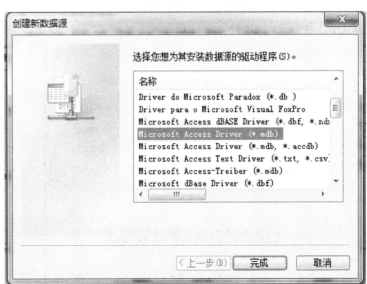

图 9-1-10 创建新数据源

在"ODBC Microsoft Access 安装"对话框中单击"选择"按钮，如图 9-1-11 所示。

图 9-1-11　ODBC Microsoft Access 安装

在"选择数据库"对话框中选择数据库所在目录，选择数据库后单击"确定"按钮。如图 9-1-12 所示。

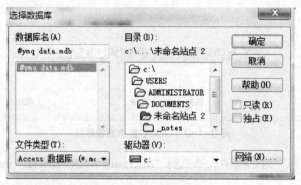

图 9-1-12　选择数据库

确定完成的 ODBC 数据源，如图 9-1-13 所示。

图 9-1-13　ODBC 数据源

➲ 步骤 2　连接 DSN 数据源

打开 Dreamweaver，选择右侧快捷"数据库"—"+"，选择"数据源名称（DSN）"，如图 9-1-14 所示。

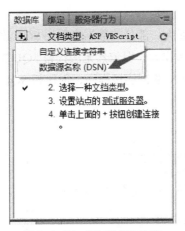

图 9-1-14　添加数据源名称

在"数据源名称（DSN）"中，设置"连接名称"，选择"数据源名称（DSN）"，其中数据源名称是 ODBC 中的自己创建的，如图 9-1-15 所示。

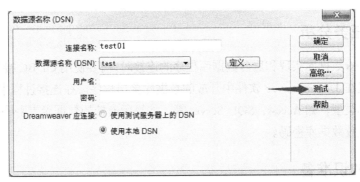

图 9-1-15　选择数据源名称

单击"测试"后，显示"成功创建连接脚本"，如图 9-1-16 所示。

图 9-1-16　测试数据源名称

9.2 任务二 利用 ODBC 连接 SQL 数据库

一、任务描述

在动态网站的开发中，有很大一部分的数据库采用 SQL 数据库连接，虽然可以使用 SQL 软件将其导出为熟悉的 Access 数据库，但依然无法代替 SQL 数据库所带来的便捷与安全。使用 Dreamweaver 软件内嵌的 DSN 数据连接程序，创建和 SQL 数据库连接成功的脚本信息，如图 9-2-1 所示。

图 9-2-1 成功创建连接脚本

二、任务分析

在使用 Access 数据库实现和后台数据库程序的连接时，需要使用 ODBC 接口程序。ODBC 接口程序是内嵌在 Dreamweaver 软件中开放的数据库接口程序。在连接过程中，需要选择网络所使用数据库类型，如 Access、SQL Server 等。如果所连接的数据库有密码，还需要 DSN 连接时，需要设置数据库密码。

三、知识准备

安装文件解压缩后，找到 \SQL Server x86\Servers，然后双击 setup.exe，开始安装。如图 9-2-2 所示。

图 9-2-2 安装界面

目前主要系统都选择基于 x86 或 x64 系列，根据用户机器选择。然后单击"服务器组件、工具、联机丛书和示例(C)"。在弹出对话框中，单击"运行程序(R)"，如图 9-2-3 所示。

图 9-2-3 安装界面

接着打开图 9-2-4 所示，勾选"我接受许可条款和条件"，选择下一步。安装程序会检查所需组件，单击"安装"即可。

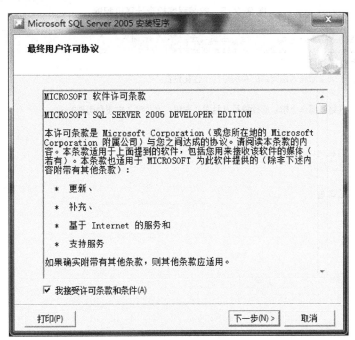

图 9-2-4 安装界面

单击"下一步"后，安装程序会检查计算机配置，按照系列提供的安装向导模式，依次单击"下一步"，安装程序会检查计算机配置，如图 9-2-5 所示。

可以看到所有的项目都成功，如果之前没有启用 IIS 功能的话，出现的画面就是如此，单击"下一步"，如图 9-2-6 所示，输入公司名后，单击"下一步"默认安装即可。

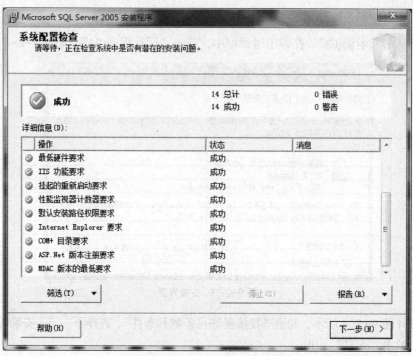

图 9-2-5　安装程序检查计算机配置

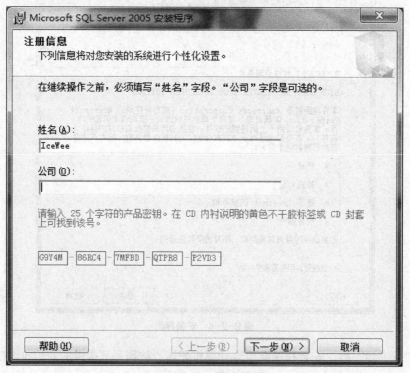

图 9-2-6　输入公司名称安装

在如图 9-2-7 所示的界面上，需要注意，如果用户界面只有最后一个复选框可选，其他都为灰色不可选，说明用户版本有问题，不是开发版，需要重新下载并安装。

图 9-2-7　安装组建界面

全部选中后单击"下一步",如图 9-2-8 所示。

图 9-2-8　选择安装程序

默认安装到系统盘下,可以单击"浏览"修改,如图 9-2-9 所示。

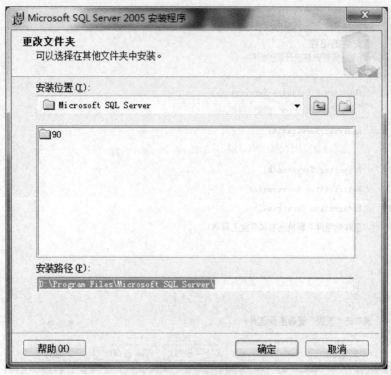

图 9-2-9 修改安装路径

完成后,单击"下一步",继续选择默认安装,在如图 9-2-10 所示的界面上,选择"默认实例",也可以选择"命名实例",单击"下一步"。

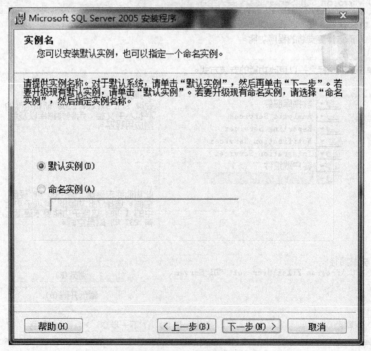

图 9-2-10 安装界面

一切选择默认安装模式,单击"下一步",如图 9-2-11 所示。因为其他程序也可能连接数据库,所以选择"混合模式",并键入密码"sa",单击"下一步"。

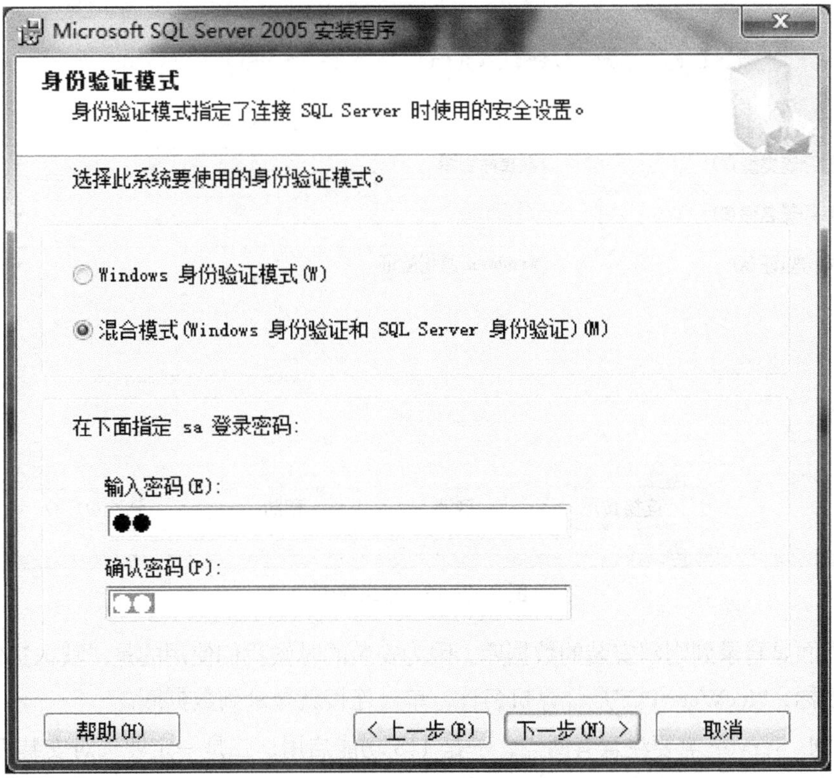

图 9-2-11　选择混合模式安装

后续都选择默认向导安装模式,依次单击"下一步",或者"安装"选项,耐心等待安装过程。安装完成后,见如图 9-2-12 所示的信息,选择"联机检查解决方案"。

安装中途,遇到的第一个弹出窗口,单击"运行程序(R)",如图 9-2-12 所示。

图 9-2-12　安装界面

安装过程中,继续单击"运行程序(R)",最后单击"完成(F)",如图 9-2-13 所示。

图 9-2-13　登录界面

这个界面是登录到刚刚安装的数据库,因为安装的时候我们使用的是"默认实例",也就是计算机名称,"IceWee-PC"是计算机名称,单击连接就登录到数据库。

安装 SQL Server 需要注意有两点,一是 IIS 功能启用,二是一定要选对安装版本。

 四、任务实施

○ **步骤 1　创建 DSN 数据源**

在本地操作系统中,打开"控制面板"窗口,选择"ODBC"图标,如图 9-2-14 所示。

图 9-2-14　选择 ODBC 图标

在打开的"ODBC 数据源管理器"对话框中,选择"系统 DSN",并单击"添加",如图 9-2-15 所示。

在打开的"创建新数据源"对话框中,选择 SQL Server 的数据源程序,单击完成,如图 9-2-16 所示。

在"创建到 SQL Server 的新数据源"中,输入"名称"、"描述"及 SQL Server 数据库所在的服务器,单击下一步,如图 9-2-17 所示。

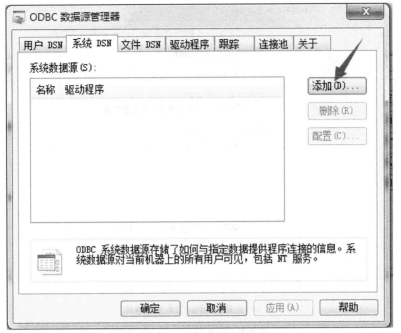

图 9-2-15　ODBC 数据源管理器

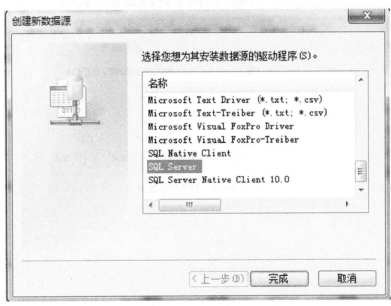

图 9-2-16　创建新数据源

选择登录 SQL Server 的用户名、密码，可以用系统登录，也可以用 SQL 安装时的"sa"用户登录，单击"下一步"按钮，如图 9-2-18 所示。

选中"更改默认的数据库"，选择数据库文件，单击"下一步"按钮，如图 9-2-19 所示。

根据对话框内容，选择你要设置的参数，单击完成，如图 9-2-20 所示。

在对话框中查看所创建的 SQL ODBC 数据源，如果没有问题，可单击"测试数据源"。如图 9-2-21 所示的测试结果。

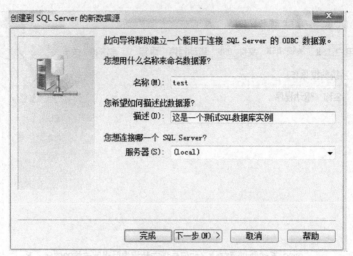

图 9-2-17 创建到 SQL Server 的新数据源

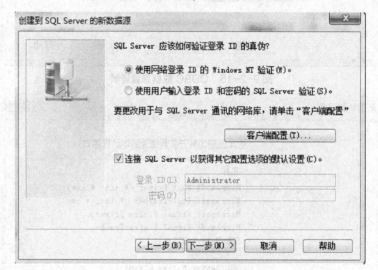

图 9-2-18 验证登录选择

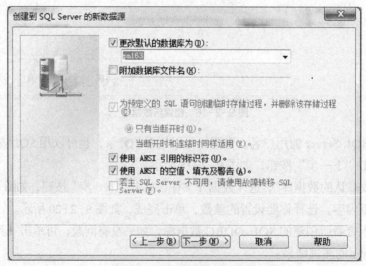

图 9-2-19 更改默认数据源

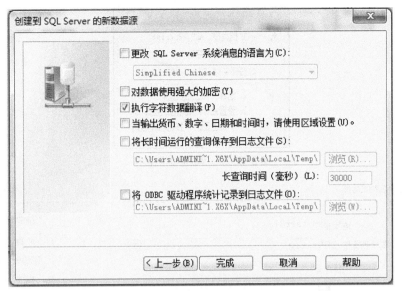

图 9-2-20　设置数据源参数

图 9-2-21　SQL ODBC 数据源测试

⊃ 步骤 2　连接 DSN 数据源

打开 Dreamweaver，选择右侧快捷的"数据库"–"+"，选择"数据源名称（DSN）"，如图 9-2-22 所示的对话框。

在"数据源名称（DSN）"中，设置"连接名称"，选择"数据源名称（DSN）"，其中数据源名称是 ODBC 中的自己创建的，如图 9-2-23 所示。

单击"测试"后，显示"成功创建连接脚本"，如图 9-2-24 所示。

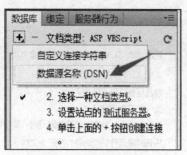

图 9-2-22 添加数据源名称

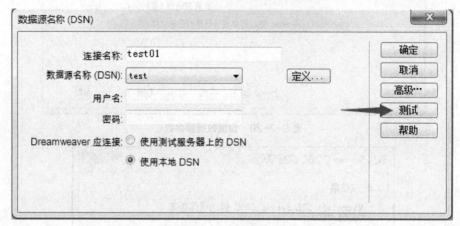

图 9-2-23 测试数据源名称

图 9-2-24 数据库连接测试成功

9.3 任务三 利用 Connection 连接 Access 数据库

一、任务描述

ADO 是一种高效的访问数据库方法。ASP 提供对 ADO 的全面支持,可以通过 ADO 数据模型访问各种数据库,本任务学会如何使用 ADO 的 Connection 对象,来访问 Access,如图 9-3-1 所示。

图 9-3-1　连接 Access 数据库成功

 二、任务分析

在利用 ADO 的 Connection 对象时，必须先声明变量。Connection 对象代表与数据源进行连接的唯一会话。如果是客户端/服务器数据库系统，该对象可以等价于到服务器的实际网络连接。取决于提供者所支持的功能，Connection 对象的某些集合、方法或属性有可能无效。

 三、知识准备

9.3.1　Connection 对象简述

Connection 对象代表了打开与数据源的连接，好像在应用程序和数据库中建立了一条数据传输连线，该对象代表与数据源进行的唯一会话。

ASP 使用 ADO 对各种数据源进行各种操作，其中，Connection 对象必不可少。在这个基础上，可以使用 Command 对象及 Recordset 对象，对 Connection 对象所连接的数据库，进行插入、删除、更新和查询等操作。

9.3.2　Connection 对象常用属性介绍

Connection 对象的常用属性如下所示，各个属性的基本功能和作用介绍如下。

● CommandTimeout 属性。

CommandTimeout 属性定义了使用 Execute 方法，运行一条 SQL 命令的最长时限，能够中断并产生错误。默认值为 30 秒，设定为 0 表示没有限制。

● ConnectionString 属性。

ConnectionString 属性设定连接数据源的信息，包括 FlieName、Password、UserId、DataSource、Provider 等参数。

● ConnectionTimeout 属性。

ConnectionTimeout 属性设置在终止尝试和产生错误前，建立数据库连接期间所等待的时间，该属性设置或返回指示等待连接打开的时间的长整型值（单位为秒），默认值为 15。如果将该属性设置为 0，ADO 将无限等待直到连接打开。

● DefaultDatabase 属性。

DefaultDatabase　属性定义连接默认数据库。

● Mode 属性。

Mode 属性在建立连接之前，设定连接的读写方式，决定是否可更改目前数据。其中：0 表示"不设定（默认）"，1 表示"只读"，2 表示"只写"，3 表示"读写"。

● Provider 属性。

Provider 属性设置连接的数据提供者（数据库管理程序），默认值是 MSDASQL（Microsoft-ODBC For OLEDB）。

- State 属性。

State 属性读取当前链接对象的状态，取 0 表示关闭，1 表示打开。

- Open 属性。

Open 属性建立一个与数据源的连接对象。其基本的语法格式为

```
Connobject.Cpen connectionstring,UserID,Password
```

其中：

（1）Connectionstring 为可选参数，它是一个字符串变量，包含连接的信息。

（2）UserID 为可选参数，它是一个字符串变量，包含建立连接时访问数据库使用的用户名。

（3）Password 为可选参数，它是一个字符串变量，包含建立连接时访问数据库使用的密码。

- Close 属性。

Close 关闭与数据源的连接，并且释放与连接有关的系统资源。其基本的语法格式为

```
Connobject.close
```

使用 Close 方法关闭 Connection 对象，并没有从内存删除该对象。因此关闭 Connection 对象还可以用 Open 方法打开，而不必再次创建一个 Connection 对象。

此外，在使用 Close 方法关闭连接时，也将关闭与此连接的所有活动 Recordset 对象。但是，与此连接相关的 Command 对象将不受影响，只不过 Command 对象不再参与这个连接。可以使用"Set Connobject=nothing"命令释放 Connection 对象所占用的所有资源。

- Execute 属性。

Execute 属性执行 SQL 命令或存储过程，以实现与数据库的通信。返回记录的格式为

```
Set Rs=Connobject.Execute(CommandText,RecordsAffected,Options)
```

而其无返回记录的格式：

```
Connobject.Execute CommandText,RecordsAffected,Options
```

其中：

（1）CommandType 是一个字符串，它包含一个表名，或某个将被执行的 SQL 语句。

（2）RecordsetAffected 为可选参数，返回此次操作所影响的记录数。

（3）Options 为可选参数，用来指定 CommandText 参数的性质，即用来指定 ADO 如何解释 CommandText 参数的参数值，参数值含义如下："1"表示被执行的字符串包含一个命令文本；"2"表示被执行的字符串包含一个表名；"4"表示被执行的字符串包含一个存储过程名；"8"没有指定字符串的内容（这是默认值）。

- BeginTrans 属性。

BeginTranss 属性开始一个新的事务，即在内存中为事务开辟一片内存缓冲区。
- CommitTrans 属性。

CommitTrans 属性提交事务，即把一次事务中所有变动的数据从内存缓冲区一次性地写入硬盘，结束当前事务并可能开始一个新的事务。
- RollbackTrans 属性。

RollbackTrans 属性回滚事务，即取消开始此次事务以来对数据源的所有操作，并结束本次事务操作。

四、任务实施

⇨ 步骤1 新建 Dreamweaver 页面

双击桌面上的 Dreamweaver 图标，运行 Dreamweaver 软件，如图 9-3-2 所示。

图 9-3-2 启动 Dreamweaver 软件

在打开的 Dreamweaver 软件中，新建 ASP VBScript 页面，如图 9-3-3 所示。

图 9-3-3 新建 ASP 页面

⇨ 步骤2 连接数据库

在新建 Dreamweaver 软件页面中，切换到 "代码" 窗口，并在打开的 HTML 语言中，选择<body>与</body>之间，输入以下代码，编辑结果如图 9-3-4 所示。

```asp
<%
'声明变量
Dim conn '连接对象
Dim db '数据库文件地址
db="..\access.mdb"
'使用 Server 对象的 CreateObject 方法建立 Connection 对象
Set conn=Server.CreateObject("ADODB.Connection")
conn.ConnectionString="Provider=Microsoft.Jet.OLEDB.4.0; "&"Data Source="&Server.MapPath(db)
conn.Open()'连接数据库
If conn.State=1 THen
Response.Write("成功连接 ACCESS 数据库文件 ACCESS.MDB")
%>
<script>
alert("单击确定，关闭数据库连接")
</script>
<%
conn.close() '关闭连接
Set conn=Nothing'释放 Connction 对象
Response.Write("连接已经关闭")
End if
%>
```

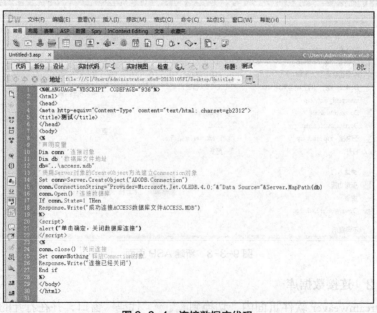

图 9-3-4　连接数据库代码

➲ **步骤 3　测试**

在 Dreamweaver 软件的代码模式下，编辑完成 HTML 语言代码后，保存文件，按 F12 键，测试数据库连接，如图 9-3-5 所示。

图 9-3-5　测试成功

9.4　任务四　利用 Connection 连接 SQL 数据库

 一、任务描述

SQL 数据库是当前使用非常广泛的数据库之一，本单元任务学会如何使用 Connection 连接 SQL 数据库，操作结果如图 9-4-1 所示。

图 9-4-1　网页无法显示

 二、任务分析

利用 ADO 的 Connection 对象连接 SQL 数据库时，与连接 Access 数据库有着明显的不同，最主要的一点是 SQL 必须用到 SA 用户验证。

 三、知识准备

9.4.1　连接 SQL Server 数据库要求

利用 Connection 连接 SQL 数据库，采用该方式建立与 SQL Server 数据库的连接，需要设置 ConnectionString 属性。

常见的 ConnectionString 属性如下。

● PROVEIDER 属性。

PROVEIDER 属性是指定连接 SQL Server 数据库的 OLE DB 程序名称为"SQLOLEDE"连接。

● DATA SOURCE 属性。

DATA SOURCE 属性是指定待连接的 SQL Server 数据库服务器的名称，这个名称可以通过 SQL Server 数据库服务器得到,如果数据库服务器和 Web 服务器软件安装在同一台计算机上,则可以将该参数设置为"LOCAL SERVER"。

- DATABASE 属性。

DATABASE 属性是指定待访问数据库的名称。

- UID 属性。

UID 属性是指定访问该数据库的用户名,这个用户名在需要的数据库服务器中设置。

- PWD 属性。

PWD 属性是指定对应用户的访问密码。

9.4.2 使用 SA 验证连接 SQL 数据库代码

使用 SA 验证连接 SQL 数据库的参考代码如下。

```
<%dim conn,connStr connStr="provider=sqloledb;
data source=SQLEXPRESS;
User ID=sa;
pwd=abcde12345;
Initial Catalog=chdxk "
Set conn=Server.CreateObject("ADODB.Connection") conn.open connStr %>
```

其中:

data source=SQLEXPRESS(数据库所在的服务器名称);
User ID=sa;(定义用户名);
pwd=abcde12345(指定用户名密码)。

9.4.3 使用 Windows 身份验证连接 SQL 数据库代码

使用 Windows 身份验证连接 SQL 数据库的参考代码如下。

```
<%Dim conn
Set conn=Server.CreateObject("ADODB.Connection")
sql="Provider=SQLoledb;
data source=WWW-2443D34E558\SQL2005;
UID=;
PWD=;
Initial Catalog=forum;
Integrated Security=SSPI"
%>
```

其中:

(1)字符中数据库名 forum,数据库服务器名 WWW-2443D34E558\SQL2005。

(2)查看 SQL 数据库服务器名称:对象资源管理器→数据库→右键单击自己建的数据库→属性→权限。

（3）Provider=sqlncli 也可以；UID 与"="之间不可以有空格，如果换用 user id 就可以有空格；Initial Catalog 可以换用 database；pwd 可以换用 password；data source 可以换用 server。在 VBScript 中，不区分大小写，因此 UID 等同 uid 等同 Uid。

其中 provider、uid、pwd、Initial Catalog、data source 等参数的位置可以自由选择、存放，没有先后顺序。

四、任务实施

步骤 1　新建 Adobe Dreamweaver 页面

双击桌面上的 Adobe Dreamweaver 图标，运行 Dreamweaver 软件。如图 9-4-2 所示。

图 9-4-2　Adobe Dreamweaver 图标

在打开的 Dreamweaver 软件中，新建 ASP VBScript 页面，如图 9-4-3 所示。

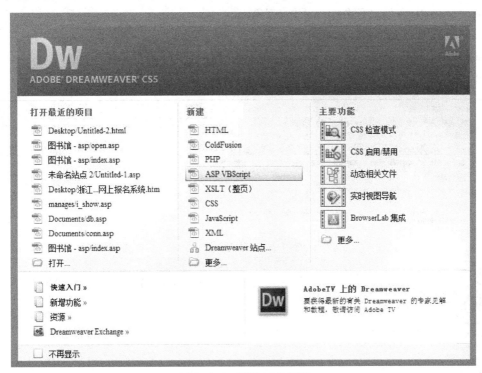

图 9-4-3　新建 ASP 页面

步骤 2　连接数据库

在新建 ASP VBScript 页面中，切换到 代码窗口，并在打开的 HTML 语言中，选择<body>与</body>之间，输入以下代码，编辑结果如图9-4-4所示。

```asp
<%
'声明变量
Dim conn '连接对象
'使用 Server 对象的 CreateObject 方法建立 Connection 对象
Set conn=Server.CreateObject("ADODB.Connection")
sql="Provider=SQLoledb;data source=WWW-2443D34E558\SQL2005;UID=sa;PWD=123456;Initial Catalog=forum"
conn.Open sql '连接数据库
If conn.State=1 THen
Response.Write("成功连接 SQL 数据库")
%>
<script>
alert("单击确定，关闭数据库连接")
</script>
<%
conn.close() '关闭连接
Set conn=Nothing '释放 Connction 对象
Response.Write("连接已经关闭")
End if
%>
```

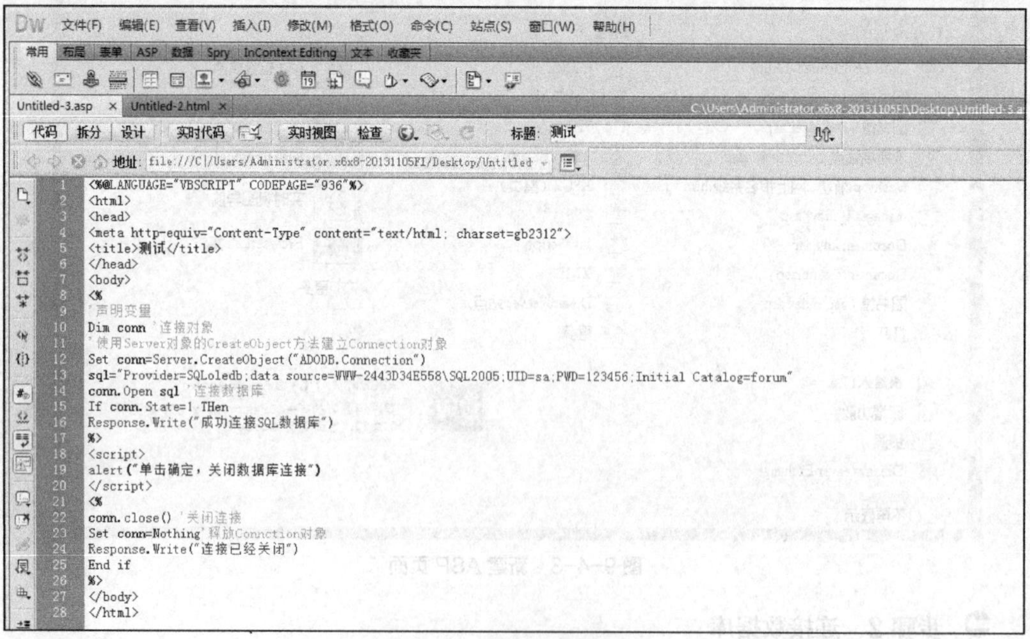

图 9-4-4 连接数据库代码

在 Dreamweaver 软件的代码模式下，编辑完成 HTML 语言代码后，保存文件，按 F12 键，测试数据库连接，如图 9-4-5 所示。

成功连接SQL数据库

图 9-4-5　测试成功

项目十
使用 Recordset 对象访问数据库

项目背景

Recordset 对象又称为记录集对象，是 ADO 中最复杂、功能最强大的对象，也是数据库操作中的用来存储结果集的唯一对象。使用 Connection 或 Command 对象进行数据库操作之后，只要拥有返回值，就需要使用 Recordset 对象对其进行存储。

- 任务一　通过 Source 获得 SQL 语句
- 任务二　通过 Recordcount 获得记录总数
- 任务三　BOF 和 EOF 属性的应用

技术导读

本项目技术重点：
- 掌握 Recordset 记录集对象的使用
- 掌握 Recordset 记录集对象的几种常用属性的用法
- 使用 Recordset 记录集对象获取数据源数据

10.1 任务一 通过 Source 获得 SQL 语句

一、任务描述

通过 Recordset 记录集对象的 Source 属性，以获得完的 SQL 语句，调试效果如图 10-1-1 所示。

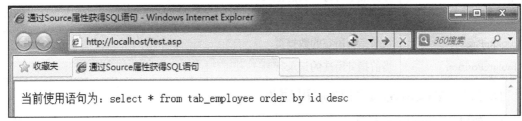

图 10-1-1 通过 Source 属性获得 SQL 语句效果图

二、任务分析

通过 Recordset 记录集对象的 Source 属性，在 Source 属性中指定一个字符串表达式。此表达式通常是导致错误的对象的类名称，或程序设计的 ID。当代码无法处理可访问对象产生的错误时，使用 Recordset 记录集对象的 Source 属性为用户提供信息。

三、知识准备

10.1.1 了解 Recordset 对象

在使用 Recordset 对象前，必须先利用 Ction 对象连接数据库。

使用 Recordset 对象对数据库进行操作，也就是通过 Recordset 对象创建一个数据库的指针，当 Recordset 对象创建一个指针后，便可从数据提供者处得到一个数据集，通过这个数据集对数据库文件进行操作。

Recordset 对象提供一系列重要的属性和方法，进行数据库编程。从这些属性和方法中可以看出 Recordset 对象强大的功能。

常见的 Recordset 对象的常用属性如表 10-1 所示。

表 10-1

属　　性	说　　　明
Source	指示记录集对象中数据的来源（命令对象名或 SQL 语句或表名）
ActiveConnection	连接对象名或包含数据库的连接信息的字符串
CursorType	记录集中的指针类型
LockType	锁定类型
MaxRecors	控制从服务器获取的记录集的最大记录数
CursorLocation	控制数据处理是在客户端还是在服务器端

续表

属 性	说 明
Filter	控制要显示的内容
Bof	记录集的开头
Eof	记录集的结尾
RecordCount	记录集总数
PageSize	分页显示时每一页的记录数
PageCount	分页显示时数据页的总页数
AbsolutePage	当前指针所在的数据页
AbsolutePosition	当前指针所在的记录行

10.1.2 Recordset 对象常用属性

1．创建 Recordset 对象

要使用 Recordset 对象处理结果，首先必须创建 Recordset 对象实例。
其基本的语法格式如下。

格式：`Set RS=Server.CreateObject("adodb.recordset")`

2．打开记录集

打开记录集基本的语法格式如下。

格式：`RS.Open Source,ActiveConnection,CursorType,LockType,Options`

其中：所有的参数都是可选项。

Source 为 Command 对象变量名、SQL 语句、表名、存储过程调用或持久 Rcordset 文件名。
ActiveConnection 为有效的 Connection 对象变量名或包含 ConnectionString 的字符串。
LockType 指定打开 Recordset 时应使用的锁定类型。
Options 指定如何计算 Source 参数或从以前保存 Recordset 的文件中恢复 Recordset。

3．关闭一个 Recordset 对象

关闭一个 Recordset 对象基本的语法格式如下。

`Rs.Close`

其中：Rs 为已经建立的 Recordset 对象，如果正进行编辑更新数据的操作，则在使用此方法之前必须先调用 Update 和 CancelUpdate 方法，否则将会出现错误。关闭一个 Recordset 对象并不从内存中删除该对象，只是无法读取其中的数据，但仍然可以读取它的属性。因此一个关闭的 Recordset 对象还可以用 Open 方法打开并保持其原有属性。

4．把 Recordset 指针指向最后一条记录

把 Recordset 指针指向最后一条记录的基本语法格式为

```
Rs.MoveLast
```

需要注意的是,该 Recordset 必须支持书签。

5．把 Recordset 指针指向指定的记录

把 Recordset 指针指向指定的记录的基本语法格式为

```
Move n [,start]
```

其中:n 为要移动的记录数,取正时表示向前(下)移动,取负时表示向后(上)移动。start 是可选参数,表示移动的起点。

6．增加一条空记录

增加一条空记录的基本语法格式为

```
Rs.AddNew N
```

增加一条空记录,并将数组中的元素(N)添加到这条空记录中。

7．删除当前记录

删除当前记录的基本语法格式为

```
Delete [value]
```

如果 value=1(默认值),表示该方法只删除当前记录;value=2 ,表示该方法删除所有由 Filter 属性设定的记录。

8．保存当前记录的任何变动

保存当前记录的基本语法格式为

```
Rs.Update
```

9．Source 属性

Recordset 对象可以通过 Source 属性连接 Command 对象。Recordset 对象的 Source 属性可以是一个 Command 对象名称、一段 SQL 命令、一个指定的表名称或是一个 Stored Procedure。此属性用于设置或返回一个字符串,指定要检索的数据库服务器。包含存储进程名、表名、SQL 语句或在打开时用于为 Recordset 提供记录集合的开放 Command 对象。

Source 属性的基本语法格式为

```
RecordSet.Source=SourceValue
```

 四、任务实施

● 步骤 1　创建 ASP 网页

打开 Dreamweaver CS5,单击"文件"菜单,选择"新建",打开"新建文档"对话框。
在对话框左侧选项外列表中,选择"空白页"选项,在打开的页面类型对话框中,选择"ASP VBScript"选项,布局对话框中选择"无"选项,操作结果如图 10-1-2 所示。

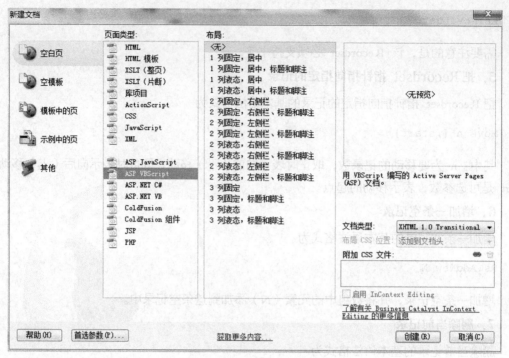

图 10-1-2 新建 ASP 页面

◆ 步骤 2 输入代码

在新建的 ASP VBScript 网页的代码区域 内，打开 HTML 语言的<Body>区域内，输入以下代码，输入位置结果如图 10-1-3 所示。

```
<title>通过 Source 属性获得 SQL 语句</title>
<%
set conn=server.CreateObject("ADODB.Connection")
sql="Driver={Microsoft Access Driver (*.mdb)};DBQ=" &server.MapPath("database/db_database.mdb")
conn.open(sql)
set rs=server.CreateObject("adodb.RecordSet")
sql="select * from tab_employee order by id desc"
rs.activeConnection=conn
rs.open sql,conn,1,3
response.Write"当前使用语句为"&rs.source&"<br>"
%>
```

◆ 步骤 3 测试代码

输入完成后，保存信息，按 F12 键，查看测试运行结果，如图 10-1-4 所示。

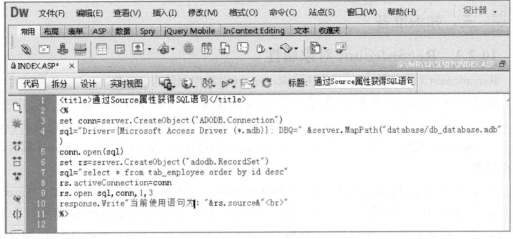

图 10-1-3　网页代码

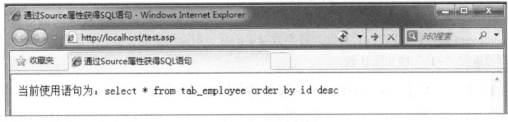

图 10-1-4　显示测试结果

10.2　任务二　通过 Recordcount 获得记录总数

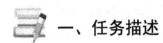
一、任务描述

使用 Recordcount 属性能获得记录总数,并能返回记录总数,从而完成实际的统计效果,如图 10-2-1 所示。

图 10-2-1　记录总数效果图

二、任务分析

使用 Recordcount 属性,可确定 Recordset 对象中记录的数目。ADO 无法确定记录数时,该属性返回 1。如果读取已关闭的 Recoudset 上的 Recordcount 属性,将产生错误。

三、知识准备

10.2.1 Recordcount 对象属性

Recordcount 对象属性主要用来指示 Recordset 对象中记录的当前数目。

使用 Recordcount 对象属性返回值为长整型值，使用 Recordcount 属性，可确定 Recordset 对象中记录的数目。ADO 无法确定记录数时，或者如果提供者或游标类型不支持 Recordcount，则该属性返回"－1"。如果读已关闭的 Recordset 上的 Recordcount 属性将产生错误。

Recordset 对象支持近似定位或书签[即 Supports (adApproxPosition) 或 Supports (adBookmark) 各自返回 True]，不管是否完全填充值，该值将为 Recordset 中记录的精确数目。如果 Recordset 对象不支持近似定位，该属性可能由于必须对所有记录进行检索和计数，并返回精确 Recordcount 值，而严重消耗系统资源。

Recordset 对象的游标类型，会影响是否能够确定记录的数目。对仅向前游标，Recordcount 属性将返回"-1"；而对静态或键集游标，则返回实际计数；对动态游标取决于数据源返回"-1"或实际计数。

10.2.2 关于 Recordcount 对象返回-1 值问题

当在服务器端请求 Recordcoun 时，可能会返回值为"-1"。这是因为 ActiveX Data Objects (ADO) 2.0 中的 CursorType 是 adOpenForwardonly 或者 adOpenDynamic。

如果是 ADO 1.5 版本，只发生在 cursortype 是 adOpenForwardonly 的时候。如果使用 OLEDB provider for JET 和 SQL Server 系统，产生的结果可能不同，这依赖于数据库的提供者。

当选择的 CursorType 不被支持时，提供者将选择最接近于请求 CursorType。此外，不是所有的 LockType 和 CursorType 的组合都可以同时工作。改变 LockType 将强制改变 CursorType。因此，需要确定在调试过程中，需要来检查 CursorType 的值。

关于 Recordcount 对象返回-1 值问题的原因是，在动态的游标中纪录号可能改变。Forward only 的游标无法返回 Recordcount。

针对 RecordCount 对象返回-1 值问题的解决办法是：使用 adOpenKeyset(=1)或者 adOpenStatic(=3)作为服务器端游标或者客户端游标。客户端只使用 adOpenStatic 作为 CursorTypes，而不管用户选择什么样的 CursorType。

四、任务实施

⊃ **步骤1 创建 ASP 网页**

打开 Dreamweaver CS5，单击"文件"菜单，选择"新建"，打开"新建文档"对话框。

在对话框左侧选项外列表中，选择"空白页"选项，页面类型对话框中选择"ASP VBScript"选项，布局对话框中选择"无"，选择结果如图 10-2-2 所示。

⊃ **步骤2 输入代码**

在新建 ASP VBScript 网页的代码区域内，输入以下参考的代码内容。

输入的结果如图 10-2-3 所示。

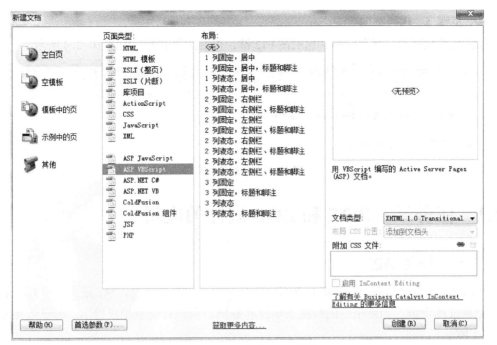

图 10-2-2 新建 ASP 网页

```
<title>获取数据库中数据表 tab_employee 的记录条数</title>
<%
set conn=server.CreateObject("ADODB.Connection")
sql="Driver={Microsoft Access Driver (*.mdb)}; DBQ=" &server.MapPath("database/db_database.mdb")
conn.open(sql)
set rs=server.CreateObject("adodb.RecordSet")
sql="select * from tab_employee"
rs.open sql,conn,1,3
response.Write"当前数据表中的记录总数为"&rs.recordcount
%>
```

图 10-2-3 网页代码

⊃ **步骤 3 代码测试**

输入完成代码后，保存代码，然后按 F12 键，查看运行结果，如图 10-2-4 所示。

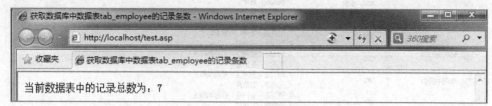

图 10-2-4 运行结果

10.3 任务三 BOF 和 EOF 属性的应用

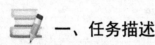一、任务描述

使用 Recordset 对象中的 BOF 和 EOF 属性，可以帮助判断当前记录，是否属于 Recordset 的首记录或尾记录。如果相应的数据表中没有数据，系统将给予相应提示。验证效果如图 10-3-1 所示。

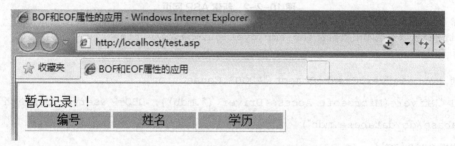

图 10-3-1 应用 BOF 和 EOF 属性效果图

二、任务分析

Recordset 对象的 BOF 和 EOF 属性，可以用来判断当前 Recordset 对象的资料光标，是否指向表的开始和结尾。当记录为首记录时，则 BOF 属性返回 TURE；当记录为尾记录时，则 EOF 属性返回 TURE。

三、知识准备

10.3.1 BOF 和 EOF 对象简述

Recordset 对象的 BOF 和 EOF 属性，用来判断当前 Recordset 对象光标，是否指向表的开始和结尾。BOF 和 EOF 对象的返回值为布尔型值。

当记录为首记录时，则 BOF 属性返回 TURE；当记录为尾记录时，则 EOF 属性返回 TURE。其基本的语法结构为

```
Boolen=RecordSet.BOF
Boolen=RecordSet.EOF
```

其中：

BOF 指示当前记录位置位于 Recordset 对象的第一个记录之前。

EOF 指示当前记录位置位于 Recordset 对象的最后一个记录之后。

10.3.2 BOF 和 EOF 对象返回值含义

在实际使用中，使用 BOF 和 EOF 属性可确定 Recordset 对象是否包含记录，或者从一个记录移动到另一个记录时是否超出 Recordset 对象的限制。如果当前记录位于第一个记录之前，BOF 属性将返回 True (-1)，如果当前记录为第一个记录或位于其后则将返回 False (0)。

BOF 和 EOF 对象的返回值主要反映的信息内容如下。

- 如果当前记录位于 Recordset 对象的最后一个记录之后 EOF 属性将返回 True；而当前记录为 Recordset 对象的最后一个记录或位于其前，则将返回 False。
- 如果打开没有记录的 Recordset 对象，BOF 和 EOF 属性将设置为 True，而 Recordset 对象的 Recordcount 属性设置为零。打开至少包含一条记录的 Recordset 对象时，第一条记录为当前记录，而 BOF 和 EOF 属性为 False。如果 BOF 或 EOF 属性为 True，则没有当前记录。
- 如果删除 Recordset 对象中保留的最后记录，BOF 和 EOF 属性将保持 False，直到重新安排当前记录。

四、任务实施

⇨ 步骤 1 创建 ASP 网页

打开 Dreamweaver CS5，单击"文件"菜单，选择"新建"，打开"新建文档"对话框。

在对话框左侧选项外列表中，选择"空白页"，页面类型对话框中选择"ASP VBScript"选项，布局对话框中选择"无"，如图 10-3-2 所示。

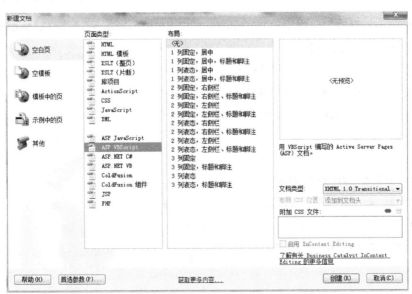

图 10-3-2 新建 ASP 网页

◯ 步骤2 输入代码

在新建 ASP VBScript 网页的代码区域内，选择 HTML 的语言的 `<body>` 语句体内部的位置，输入以下代码，输入的结果如图 10-3-3 所示。

```
<%@LANGUAGE="VBSCRIPT" CODEPAGE="936"%>
<title>BOF 和 EOF 属性的应用</title>
<%
set conn=server.createobject("adodb.connection")
sql="Driver={Microsoft Access Driver (*.mdb)};DBQ= "&Server.mappath("database/db_database.mdb")
conn.open(sql)
%>
<!--以上红色代码为连接并打开 db_database.mdb 数据库文件，以便下面使用-->
<%
set rs=server.createobject("adodb.recordset")
sql="select * from tab_employee"
rs.open sql,conn,1,3
%>
<!--以上红色代码为打开一个连接并实现显示 tab_employee 数据库表的内容-->
<html>
<head>
<meta http-equiv="Content-Type" content="text/html; charset=gb2312">
</head>
<body>
<table width="452" height="33" border="1" cellpadding="0" cellspacing="0">
  <tr bgcolor="#338899">
    <td><div align="center">编号</div></td>
    <td><div align="center">姓名</div></td>
    <td><div align="center">学历</div></td>
  </tr>
  <%
  if rs.eof or rs.bof then
  response.write ("暂无记录!! ")
  else
  for i=1 to rs.recordcount
  %>
  <tr>
```

```
        <td><div align="center"><%=rs("ID")%></div></td>
        <td><div align="center"><%=rs("name")%></div></td>
        <td><div align="center"><%=rs("xueli")%></div></td>
      </tr>
      <%
      rs.movenext
      next
      end if
      %>
    </table>
  </body>
</html>
```

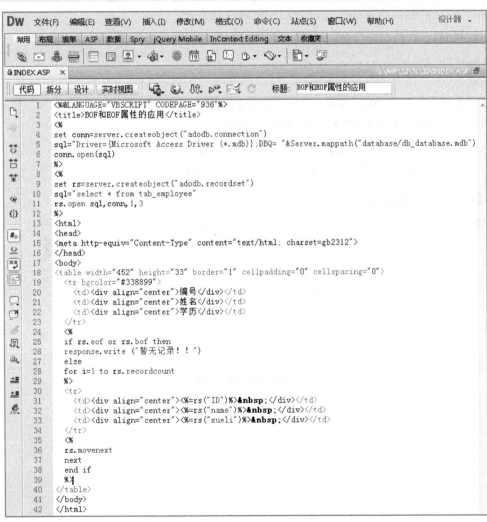

图 10-3-3　输入的网页代码

其中:
相关的代码说明如下所示。

```
<%
set conn=server.createobject("adodb.connection")
sql="Driver={Microsoft Access Driver (*.mdb)};DBQ= "&Server. Mappath
("database/db_database.mdb")
conn.open(sql)
%>
```

以上代码为连接并打开 db_database.mdb 数据库文件。
以下代码为连接打开后,应用连接调用数据的应用。

```
<%
set rs=server.createobject("adodb.recordset")
sql="select * from tab_employee"
rs.open sql,conn,1,3
%>
```
以上代码为打开一个连接并实现显示 tab_employee 数据库表的内容
<%=rs("ID")%>读取并显示数据库表中的 ID 属性
<%=rs("name")%>读取并显示数据库表中的 name 属性
<%=rs("xueli")%>读取并显示数据库表中的 xueli 属性

● 步骤 3　测试代码

输入完成代码后,保存信息,然后按 F12 键,查看运行结果,如图 10-3-4 所示。

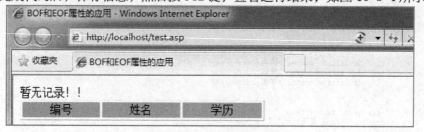

图 10-3-4　运行结果

PART 11 项目十一
使用 Recordset 对象更新数据库

项目背景

Recordset 对象的作用是由数据库返回记录集。根据查询结果返回一个包含所查询数据的记录集，然后显示在页面上。因为删除、更新、添加操作不需要返回记录集，因此可以直接使用连接对象或是命令对象 Exexut 方法。但利用记录集对象有时会更简单，此外，通过记录集对象能够实现比较复杂的数据库管理任务，比如要采用分页显示记录就必须使用记录集对象。

- 任务一　使用 Recordset 对象添加记录
- 任务二　使用 Recordset 对象修改记录
- 任务三　使用 Connection 对象修改记录

技术导读

本项目技术重点：
- 会使用 Recordset 对象修改记录
- 会使用 Connection 对象修改记录

11.1 任务一 使用 Recordset 对象添加记录

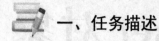
一、任务描述

通过 Recordset 的 AddNew 属性，向统计表中添加记录，可以完成通过网页直接收集数据的效果，完成调试效果如图 11-1-1 所示。

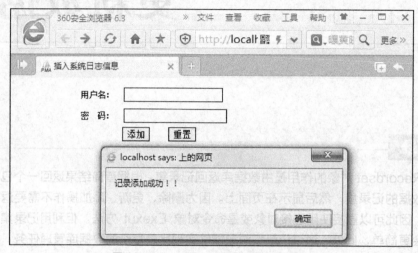

图 11-1-1　AddNew 属性添加记录成功

二、任务分析

为建设完成的数据库添加一条新的记录，是动态网站通过网站收集用户信息的基本功能之一。添加新记录有许多的方法，而利用 Recordset 的 AddNew 对象是其中一个比较常用的方法。

三、知识准备

11.1.1　AddNew 方法基础知识

使用 Recordset 对象的 AddNew 方法可以创建和初始化新记录。通过 adAddNew 使用 Supports 方法可验证是否能够将记录添加到当前的 Recordset 对象。

AddNew 方法的基本语法格式为

```
recordset.AddNew FieldList, Values
```

其中，各项参数的基本含义如下。
- FieldList 为可选，表示新记录中字段的单个名称、一组名称或序号位置。
- Values 为可选，新记录中字段的单个或一组值。如果 Fields 是数组，那么 Values 也必须是有相同成员数的数组，否则将发生错误。字段名称次序必须与每个数组中的字段值的次序相匹配。

在实际的应用中，可以使用 AddNew 创建可更新 Recordset 对象的新记录。

Recordset 对象在调用 AddNew 方法后，新记录将成为当前记录，并在调用 Update 方法后，继续保持为当前记录。如果 Recordset 对象不支持书签，当移动到其他记录时，将无法对新记录进行访问。是否需要调用 Requery 方法访问新记录，则取决于所使用的游标类型。

11.1.2 AddNew 方法更新数据过程

如果在编辑当前记录，或添加新记录时调用 AddNew，ADO 将调用 Update 方法保存任何更改并创建新记录。AddNew 方法的行为取决于 Recordset 对象的更新模式，以及是否传送 Fields 和 Values 参数。

在立即更新模式（调用 Update 方法时，提供者会立即将更改写入基本数据源）下，调用不带参数的 AddNew 方法，可将 EditMode 属性设置为 adEditAdd。此时将任何字段值的更改缓存在本地。在批更新模式（提供者缓存多个更改，并只在调用 UpdateBatch 时，将其写入基本数据源）下，调用不带参数的 AddNew 方法，可将 EditMode 属性设置为 adEditAdd。也将任何字段值的更改缓存在本地。

调用 Update 方法可将新的记录添加到当前记录集，并将 EditMode 属性重置为 adEditNone，但在调用 UpdateBatch 方法之前，提供者不将更改传递到基本数据库。如果传送 Fields 和 Values 参数，ADO 则将新记录发送给提供者以便缓存，需要调用 UpdateBatch 方法将新记录传递到基本数据库。

如果 Unique Table 动态属性被设置，并且 Recordset 是对多个表执行 JOIN 操作的结果，那么，AddNew 方法只能将字段插入到由 Unique Table 属性所命名的表中。

11.1.3 应用 AddNew 方法注意事项

应用 AddNew 方法需要注意以下几方面问题。

（1）如果对行使用了 AddNew 方法，但未使用 update，执行任何移动到另一行的操作修改，将丢失且不会出现警告信息。

（2）如果关闭 object，或者结束声明 object 或其 rdoConnection 对象的过程，新的行修改将被废弃，且不会出现警告信息。

（3）如果数据源和游标类型支持，则新添加的行作为 rdoResultset 的一部分，如不包括在静态类型 rdoConnection 中。当新添加的行包含在 rdoConnection 中时，使用 AddNew 之前的行仍然是当前行。当行被添加到游标键集，且希望它成为当前行时，可以将书签属性 LastModified 属性设置为 BookMark。

（4）如果需要取消一个挂起的 AddNew 操作，可使用 CancelUpdate 方法，之后在使用 Update 方法时会引发一个 RowCurrencyChange 事件。

 四、任务实施

➡ **步骤 1 创建 ASP 网页**

打开 Dreamweaver CS5，单击"文件"菜单，选择"新建"，打开"新建文档"对话框。在对话框左侧选项外列表中，选择"空白页"，页面类型对话框中选择"ASP VBScript"选项，布局对话框中选择"无", 如图 11-1-2 所示。

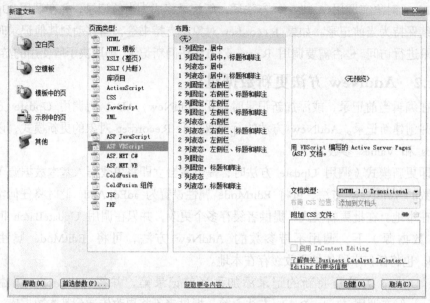

图 11-1-2　新建 ASP 网页

⊃ 步骤 2　设置页面排版

在新建 ASP VBScript 网页视图区域内,选择"表单工具",添加"表单",如图 11-1-3 所示。

图 11-1-3　添加表单

在 ASP VBScript 页面上,创建表单,首先插入表格和文本框,并排版,如图 11-1-4 所示。

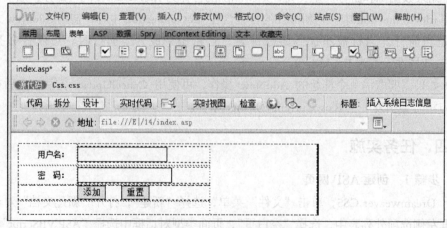

图 11-1-4　ASP 网页排版设计

● **步骤3 输入代码**

创建完成表单内容后,转到 ASP VBScript 页面的代码视图,在"代码"区域<body>区域内,输入以下代码,输入的效果如图 11-1-5 所示。

```asp
<%
dim conn
Set conn=Server.CreateObject("ADODB.connection")
sql="Driver={Microsoft Access Driver (*.mdb)};DBQ=" &Server.MapPath("database/db_database.mdb")
conn.open(sql)
%>
'以上为数据库连接代码
<%
if request.Form("user_name")<>"" then
user_name=request.Form("user_name")
pwd=request.Form("pwd")
denglu_data=now()
denglu_info="信息系统录入!! "
Set rs=Server.CreateObject("adodb.recordset")
sql="select * from tb_user"
rs.open sql,conn,1,3
rs.addnew
rs("user_name")=user_name
rs("pwd")=pwd
rs("denglu_data")=now()
rs("denglu_info")="信息系统录入!! "
rs.update
rs.close
set rs=nothing%>
<script language="javascript">
alert("记录添加成功!! ")
</script>
<%end if
%>
```

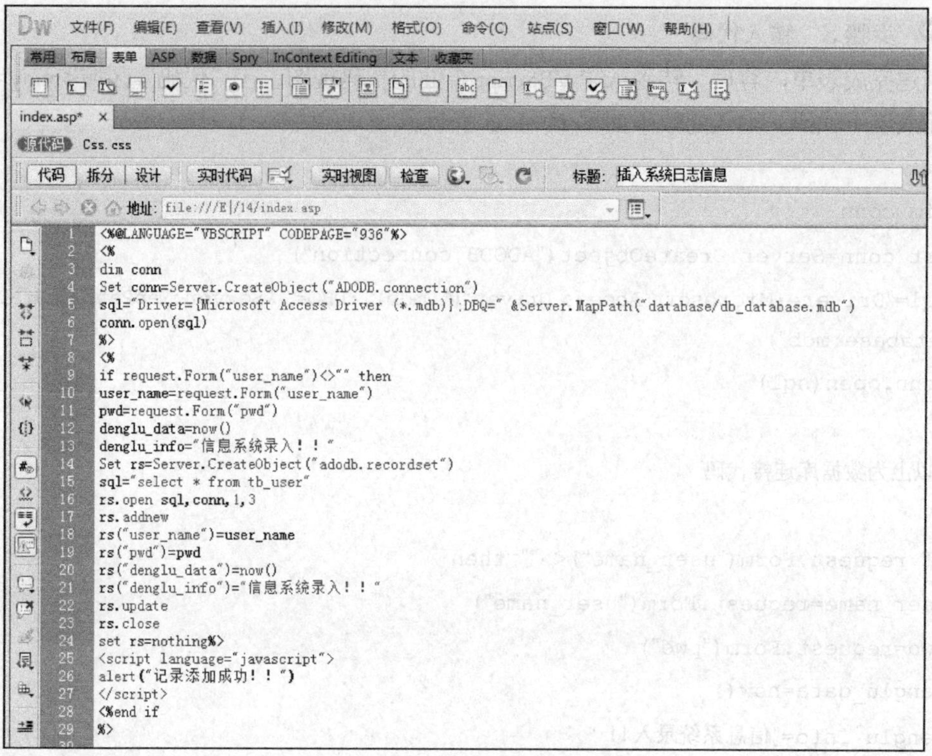

图 11-1-5 网页代码

⊃ 步骤 4 代码测试

输入完成后，检查无误后，保存代码。然后按 F12 键查看运行结果，如图 11-1-6 所示。

图 11-1-6 运行结果

11.2 任务二 使用 Recordset 对象修改记录

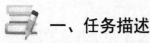

一、任务描述

生活中，如果用户想修改自己的个人资料，应该如何处理呢？使用 Recordset 对象的

Update 方法，可以修改数据库中的记录资料，效果如图 11-2-1 所示。

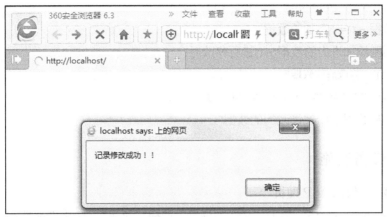

图 11-2-1　修改个人资料

 二、任务分析

Recordset 对象的 Update 方法，将对 Recordset 对象中当前记录的修改，保存在数据源中。当然条件是 Recordset 能够允许更新，且不是工作在只更新模式下就可以完成。

 三、知识准备

11.2.1　Update 方法属性

使用 Update 方法可以保存对 Recordset 对象的当前记录所做的所有更改，其基本的语法格式为

```
recordset.Update Fields, Values
```

其中：
- Fields 为选项。数据类型为变体型，代表单个名称；或变体型数组，代表需要修改的字段（一个或多个）名称及序号位置。
- Values 也为可选项。数据类型为变体型，代表单个值；或变体型数组，代表新记录中字段（单个或多个）值。如果希望取消对当前记录所做的任何更改或者放弃新添加的记录，则必须调用 CancelUpdate 方法。

在使用 Recordset 对象调用 Update 方法时，可将新记录传递到数据库，并将 EditMode 属性重置为 adEditNone。如果传送过程中携带了 Fields 和 Values 参数，ADO 则立即将新记录传递到数据库（无须调用 Update），且 EditMode 属性值没有改变 (adEditNone)。

11.2.2　Addnew 与 Update 的区别

在实际的应用中，Addnew 方法与 Update 方法都可以修改原来记录表中的数据信息。但 Addnew 方法与 Update 方法的主要区别在修改方式上。

当添加一个数据（rs1）进数据库时，二者的基本语法区别如下。
- Addnew 的方法为

```
rs.addnew rs("rs1")="添加的数据"
```

- Update 的方法为

```
rs.update rs.close set rs=nothing
```

其中，数据(rs1)= "添加的数据"

当要对刚刚添加进去的数据(rs1)进行修改时：

```
rs("rs1")="修改后的数据"
rs.update rs.close set rs=nothing
```

其中，结果数据(rs1)= "修改的的数据"

四、任务实施

➲ 步骤1 创建 ASP 网页

打开 Dreamweaver CS5，单击"文件"菜单，选择"新建"，打开"新建文档"对话框。在对话框左侧选项外列表中，选择"空白页"，页面类型对话框中选择"ASP VBScript"选项，布局对话框中选择"无"。如图 11-2-2 所示。

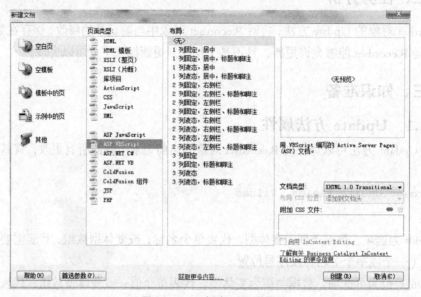

图 11-2-2 新建 ASP 网页

➲ 步骤2 设置页面排版

在新建的 ASP VBScript 网页视图区域内，选择"表单工具"，在页面中添加"表单"，如图 11-2-3 所示。

图 11-2-3 插入表单

在新建的表单中插入表格和文本框，在对应文本框的"初始值"中分别输入代码：

`<%=rs(user_name)%>`和`<%=rs(pwd)%>`

因为密码文本框是以密文形式，所以无法看到，如图 11-2-4 所示。

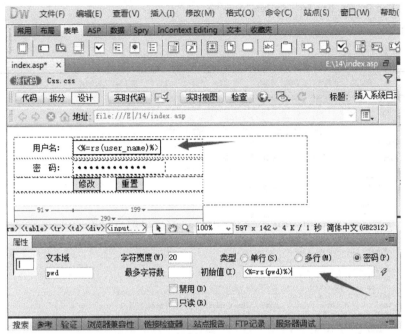

图 11-2-4　插入文本框的默认值

● 步骤3　输入代码

在新建的 ASP VBScript 页面上，转到"代码"视图模式，在 HTML 语言区域内的 <body> 体内，输入以下代码，输入内容如图 11-2-5 所示。

```
<%
dim conn
Set conn=Server.CreateObject("ADODB.connection")
sql="Driver={Microsoft Access Driver (*.mdb)};
DBQ=" &Server.MapPath("database/db_database.mdb")
conn.open(sql)
%>
<%party_id=request.querystring("user_id")
if request.form("user_name")<> "" then
user_name=request.Form("user_name")
pwd=request.Form("pwd")
Set rs=Server.CreateObject("ADODB.Recordset")
sql="select * from tb_user"
up="update tb_user set user_name=' "&user_name&"' ,pwd=' "&pwd&"'  where
```

```
user_id="&session("id")
    conn.execute(up)%>
    <script language="javascript">
    alert("记录修改成功!! ")
    window.location.href=' index.asp';
    </script>
<%end if%>
```

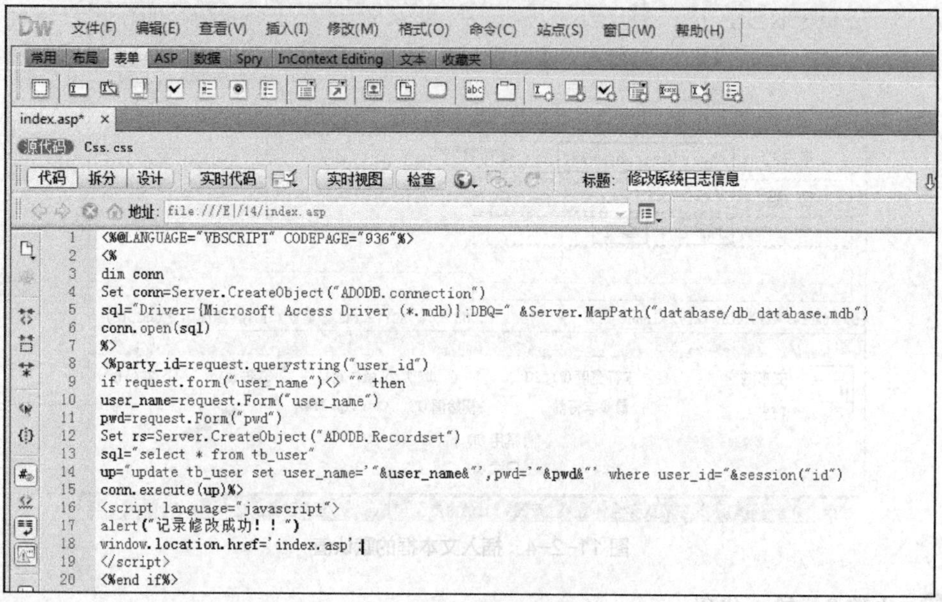

图 11-2-5　网页代码

步骤 4　测试代码

输入完成后,检查无误后保存,按 F12 键查看运行结果,如图 11-2-6 所示。

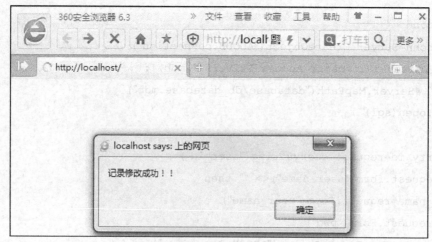

图 11-2-6　运行结果

11.3 任务三 使用 Connection 对象修改记录

一、任务描述

Connection 中的 Command 对象主要用来处理数据资源的命令，可以嵌入 SQL 查询语句并执行查询，同时也可以调用存储过程。效果如图 11-3-1 所示。

图 11-3-1 最终效果

二、任务分析

首先应用 Connection 对象创建数据源的连接，然后应用 Command 对象实现数据的修改操作。具体操作为创建 Command 对象，应用 ActiveConnection 属性设置链接对象，定义 SQL 语句并应用 Execute 方法执行 SQL 修改。

三、知识准备

11.3.1 使用 Command 对象步骤

Commamd 对象定义了将对数据源执行的命令，可以用于查询数据库表并返回一个记录集，也可以用于对数据库表进行添加、更改和删除操作。

当在 ASP 页面中使用 Command 对象处理数据时，应首先设置命令类型、命令文本以及相关的活动数据库连接等，并通过 Parameter 对象传递命令参数，然后通过调用 Execute 方法来执行 SQL 语句或调用存储过程，以完成数据库记录的检索、添加、更改和删除任务。

其步骤如下：
- 使用 ActiveCommand 属性设置相关的数据库连接。
- 使用 CommandType 属性设置命令类型。
- 使用 CommandText 属性定义命令（例如 SQL 语句）的可执行文本。
- 使用 CommandTimeout 属性设置命令超时时间。
- 使用 Execute 方法执行命令。

11.3.2 Command 对象的属性

Command 对象的常见属性主要有以下几项，分别加以说明。

- ActiveConnection 属性。

ActiveConnection 属性主要表明，指定的 Command 对象当前所属哪一个 Connection 对象，该属性设置和返回，包含了定义连接或 Connection 对象的字符串，属性为可读、可写。其基本的语法格式为

```
Setcmd.ActiveConnection=cnn
```

其中：cmd 为已定义的 Command 对象；cnn 为要连接的 Connection 对象。

- CommandType 属性。

CommandType 属性指定命令类型以优化性能，该属性可以设置和返回以下某个值。

（1）adCmdText：表示处理的是一个 SQL 语句。

（2）adCmdTable：表示处理的是一个表。

（3）adCmdStoredProc：表示处理的是一个存储过程。

（4）adCmdUnknow：表示不能识别，它是默认值。

CommandType 属性的基本语法格式为

```
cmd.CommandType=adCmdText
```

其中，cmd 为已定义的 Command 对象；adCmdText 表示处理的是一个 SQL 语句。

- CommandText 属性。

CommandText 属性定义了将要发送给提供程序的命令文本。它可以设置和返回包含提供程序命令的字符串值，如 SQL 查询语句、表名称或存储的过程调用。

CommandText 属性的基本语法格式为

```
cmd.CommandText=SQLString
```

其中，cmd 为已定义的 Command 对象；SQL 为查询字符串（即一条 SQL 语句）。

- CommandTimeout 属性。

CommandTimeout 属性指定在终止尝试或产生错误之前，执行命令期间，需等待的时间（单位为秒），默认值为 30 秒。

CommandTimeout 属性的基本语法格式为

```
cmd.CommadnTimeout=N
```

其中 N 为需要设置的秒数。

11.3.3 Command 对象方法：Execute

Command 对象的 Execute 方法，执行在 CommandText 属性中指定的查询。

其语法格式分为以下两种形式。

（1）对于按行返回的 Command，其基本的语法格式为

```
Set recordset=command.Execute(RecordsAffected,Parameters,Options)
```

（2）对于不按行返回的 Command，其基本的语法格式为

```
command.Execute RecordsAffected,Parameters,Options
```

其中：参数 RecordsAffected 提供程序返回操作所影响的记录数目。Rarameters 为使用 SQL 语句传送的参数值。Options 指示提供程序如何对 Command 对象的 CommandText 属性赋值。

Execute 方法对指定的字符串执行表达式搜索。这里又涉及 Match 对象和 Matches 集合。Matches 集合就是 match 的对象集合。Matches 集合中包含若干独立的 Match 对象，只能使用 RegExp 对象的 Execute 方法来创建。

具体使用与说明如下。

```
<%Function RegExpTest(patrn, strng)
Dim regEx, Match, Matches '建立变量
Set regEx = New RegExp '建立正则表达式
regEx.Pattern = patrn '设置模式
regEx.IgnoreCase = True '设置是否区分大小写
regEx.Global = True '设置全程可用性
Set Matches = regEx.Execute(strng) '执行搜索
For Each Match in Matches '遍历 Matches 集合
RetStr = RetStr & Match.FirstIndex & "。匹配的长度为"& " "
RetStr = RetStr & Match.Length &" "
RetStr = RetStr & Matches(0) &" " '值为123
RetStr = RetStr & Matches(1)& " " '值为44
RetStr = RetStr & Match.value&" " '值为123和44的数组
RetStr = RetStr & vbCRLF
Next
RegExpTest = RetStr
End Function
response.write (RegExpTest("\d+", "123a44"))
%>
```

四、任务实施

⊃ 步骤1　创建 ASP 网页

打开 Dreamweaver CS5，单击"文件"菜单，选择"新建"，打开"新建文档"对话框。在对话框左侧选项外列表中，选择"空白页"，页面类型对话框中选择"ASP VBScript"选项，布局对话框中选择"无"，如图 11-3-2 所示。

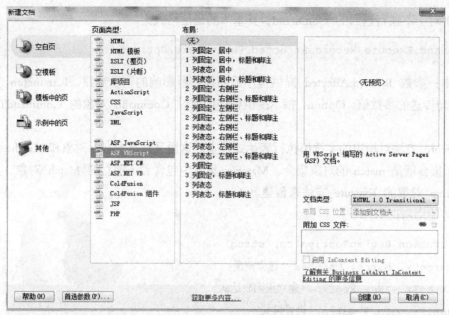

图 11-3-2 新建 ASP 网页

○ 步骤2 设置页面排版

在新建网页的 ASP VBScript 视图区域内，选择"表单工具"，添加"表单"，如图 11-3-3 所示。

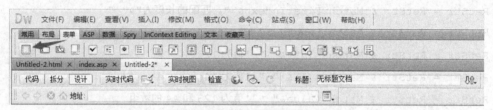

图 11-3-3 添加表单

在所建表单中，插入表格和文本框，在对应文本框的"初始值"中分别输入代码：
<%=rs(user_name)%>和<%=rs(pwd)%>

因为密码文本框是以密文形式的，所以无法看到，如图 11-3-4 所示。

○ 步骤3 输入代码

在新建网页的 ASP VBScript 页面上，转到代码视图区，在"代码"区域<body>标签内，输入以下参考代码，如图 11-3-5 所示。

```
<%
dim conn
Set conn=Server.CreateObject("ADODB.connection")
sql="Driver={Microsoft Access Driver (*.mdb)};
DBQ=" &Server.MapPath("database/db_database.mdb")
conn.open(sql)
%>
```

```
<%
if request.form("user_name")<> "" then
user_name=request.Form("user_name")
pwd=request.Form("pwd")
' 创建 Command 对象，实现数据修改
Set cmd=Server.CreateObject("ADODB.Command")
Set cmd.ActiveConnection=conn
SQL="update  tb_user  set  user_name='"&user_name&"',pwd='"&pwd&"' where user_id="&session("id")
cmd.CommandText=sql
cmd.Execute(SQL)
%>
<script language="javascript">
alert("记录修改成功!! ")
window.location.href='index.asp';
</script>
<%end if%>
```

图 11-3-4　添加文本框默认代码

⊃ 步骤 4　测试代码

输入完成后，保存，按 F12 键，查看运行结果，如图 11-3-6 所示。

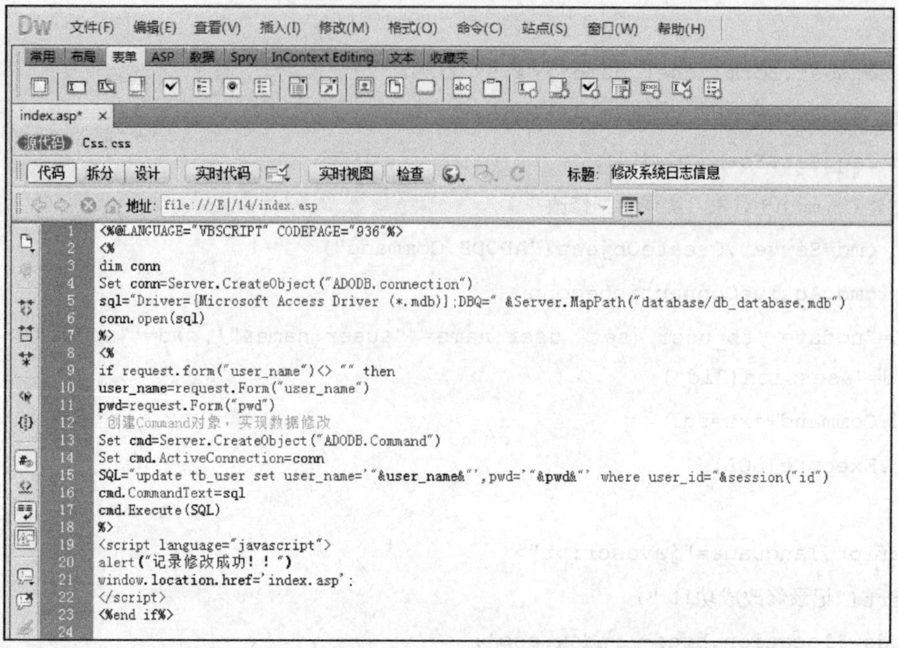

```
1   <%@LANGUAGE="VBSCRIPT" CODEPAGE="936"%>
2   <%
3   dim conn
4   Set conn=Server.CreateObject("ADODB.connection")
5   sql="Driver={Microsoft Access Driver (*.mdb)};DBQ=" &Server.MapPath("database/db_database.mdb")
6   conn.open(sql)
7   %>
8   <%
9   if request.form("user_name")<>"" then
10  user_name=request.Form("user_name")
11  pwd=request.Form("pwd")
12  '创建Command对象,实现数据修改
13  Set cmd=Server.CreateObject("ADODB.Command")
14  Set cmd.ActiveConnection=conn
15  SQL="update tb_user set user_name='"&user_name&"',pwd='"&pwd&"' where user_id="&session("id")
16  cmd.CommandText=sql
17  cmd.Execute(SQL)
18  %>
19  <script language="javascript">
20  alert("记录修改成功!!")
21  window.location.href='index.asp';
22  </script>
23  <%end if%>
24
```

图 11-3-5　网页代码

图 11-3-6　运行结果

项目十二 在 ASP 中使用数据库多表操作

项目背景

在程序开发过程中,不仅需要对单一数据表进行查询,还要进行多表查询,用户通过多表查询,从多张表中提取出需要的数据。比如学生信息与学生的成绩是两张不同的数据库表,但在动态网站开发过程中,常常要通过学生的信息去查询或修改其学生的成绩;又如学生的成绩与学科也是不同的数据库表,也经常去查找学生某一学科的成绩。

- 任务一　使用内连接查询记录
- 任务二　使用外连接查询记录
- 任务三　使用分页技术

技术导读

本项目技术重点:
- 会使用内连接查询数据库表
- 会使用外连接查询数据库表
- 会使用分页技术

12.1 任务一 使用内连接查询记录

一、任务描述

两表之间的内连接查询记录，可以实现两张不同表之间的关联，在显示的效果中，可以用一条记录查看两张表中内容，内连接查询可以轻松达到这样的效果，如图 12-1-1 所示。

图 12-1-1 内连接查询

二、任务分析

查询数据库两张表的记录时，可以在 FORM 子句中，使用 INNER JOIN…ON…建立内连接，也可以在 WHERE 子句中，指定连接条件建立内连接。这两种都是非常常用的连接查询方法。

三、知识准备

12.1.1 内连接查询基础知识

连接查询是指通过各张表之间共同列的关联性查询数据。连接查询分为内连接查询和外连接查询。内连接是将两个相互交叉的数据集合中重叠部分的数据行连接起来，返回表示两个数据集合之间匹配连接关系的数据行。

可以在 FORM 子句中使用 INNER JOIN…ON…建立内连接，也可以在 WHERE 子句中指定连接条件建立内连接，例如：

```
<% Conn.Execute("select a.UserName,b.BookName,b.Datetm from UserInfo as a inner join SellSheet as b on a.UserID= b.UserID") %>
```

也可以用下面的语句实现。

```
<% Conn.Execute("select a.UserName,b.BookName,b.Datetm from UserInfo as a,SellSheet as b where a.UserID=b.UserID")%>
```

下面在 SQL 语句 FROM 后面使用 INNER JOIN 和 ON 关键字关联数据表"UserInfo"和"SellSheet"，并根据输入的用户名称进行查询。

程序代码如下。

```asp
<%
If Trim(Request("txt_name"))<>"" Then txt_name=Trim(Request("txt_name"))
Set rs=Server.CreateObject("ADODB.Recordset")
Set rs=Server.CreateObject("ADODB.Recordset")
sqlstr="select a.UserName,b.BookName,b.Datetm from UserInfo as a inner join SellSheet as b on a.UserID=b.UserID where a.UserName like'%"&txt_name&"%'"
rs.open sqlstr,Conn,1,1
%>
```

12.1.2 内连接查询详细语法

只要两张表的公共字段有匹配值，就可以将这两张表中的记录组合起来。使用 SQL 连接两张表的基本语法是：

select * FROM table1 INNER JOIN table2 ON table1 . field1 compopr table2 . field2

其中，INNER JOIN 的操作包含以下内容，如表 12-1 所示。

表 12-1 INNER JOIN 的操作内容

部　　分	说　　明
table1, table2	要组合其中的记录的表的名称
field1，field2	要联接的字段的名称。如果它们不是数字，则这些字段的数据类型必须相同，并且包含同类数据，但是，它们不必具有相同的名称
compopr	任何关系比较运算符："="、"<"、">"、"<="、">="或者"<>"

其中，可以在任何 FROM 子句中，使用 INNER JOIN 操作。这是最常用的连接类型。只要两张表的公共字段上存在相匹配的值，INNER 连接就会组合这些表中的记录。

可以将 INNER JOIN 用于 Departments 及 Employees 表，以选择出每个部门的所有雇员。而要选择所有部分（即使某些部门中并没有被分配雇员）或者所有雇员（即使某些雇员没有分配到任何部门），则可以通过 LEFT JOIN 或者 RIGHT JOIN 操作来创建外部连接。

如果试图连接包含备注或 OLE 对象数据的字段，将发生错误。可以连接任何两个相似类型的数字字段。例如，可以连接自动编号和长整型字段，因为它们均是相似类型。然而，不能连接单精度型和双精度型类型字段。

下例代码显示了通过 CategoryID 字段，连接 Categories 和 Products 表的过程。

```
SELECT CategoryName, ProductName
FROM Categories INNER JOIN Products
ON Categories.CategoryID = Products.CategoryID;
```

其中，CategoryID 是被连接字段，但是不包含在查询输出中，因为它不包含在 SELECT 语句中。若要包含被连接字段，在 SELECT 语句中包含该字段名，这里指 Categories.CategoryID。

也可以在 JOIN 语句中，链接多个 ON 子句，基本语法如下。

```
SELECT fields
FROM table1 INNER JOIN table2
ON table1.field1 compopr table2.field1 AND
ON table1.field2 compopr table2.field2 OR
ON table1.field3 compopr table2.field3;
```

也可以通过如下语法，嵌套 JOIN 语句，基本语法如下。

```
SELECT fields
FROM table1 INNER JOIN
(table2 INNER JOIN [( ]table3
[INNER JOIN [( ]tablex [INNER JOIN ...)]
ON table3.field3 compopr tablex.fieldx)]
ON table2.field2 compopr table3.field3)
ON table1.field1 compopr table2.field2;
```

其中：LEFT JOIN 或 RIGHT JOIN 可以嵌套在 INNER JOIN 之中，但是 INNER JOIN 不能嵌套于 LEFT JOIN 或 RIGHT JOIN 之中。

12.1.3 使用 UNION 进行联合查询

使用 UNION 运算符，可以进行联合查询。UNION 运算符连接多个 SELECT 语句，将两个或更多查询的结果组合为单个结果集，该结果集包含联合查询中所有查询的全部行。

使用 UNION 运算符遵循的规则如下。

（1）在使用 UNION 运算符组合的语句中，所有选择列表的表达式数目必须相同（列名、算术表达式、聚集函数等）。

（2）在使用 UNION 组合的结果集中的相应列，必须具有相同数据类型，或者两种数据类型之间，必须存在可能的隐性数据转换，或者提供了显式转换。如在 datetime 数据类型的列，和 binary 数据类型的列之间，不能使用 UNION 运算符，除非提供了显式转换；而在 money 数据类型的列和 int 数据类型的列之间，可以使用 UNION 运算符，因为它们可以进行隐性转换。

（3）结果集中列的名字或者别名，是由第一个 SELECT 语句的选择列表决定。

下面使用 UNION 运算符，连接数据表"UserInfo"和"SellSheet"，根据输入的用户名称，查询并同时显示该用户的名称和购买图书的名称。

程序代码如下。

```asp
<%
If Trim(Request("txt_name"))<>"" Then txt_name=Trim(Request("txt_name"))
Set rs=Server.CreateObject("ADODB.Recordset")
sqlstr="select UserID,UserName from UserInfo where UserName='"&txt_name&"'
union select UserID,BookName from Sell Sheet where UserName='"&txt_name&"'"
rs.open sqlstr,Conn,1,1
%>
```

注意：对数据表进行联合查询时，结果集中行的最大数量是各表行数之"和"，而对数据表进行连接查询时，结果集中行的最大数量是各表行数之"积"。

四、任务实施

⇨ 步骤1 创建 ASP 网页

打开 Dreamweaver CS5，单击"文件"菜单，选择"新建"，打开"新建文档"对话框。在对话框左侧选项外列表中，选择"空白页"，页面类型对话框中选择"ASP VBScript"选项，布局对话框中选择"无"。如图 12-1-2 所示。

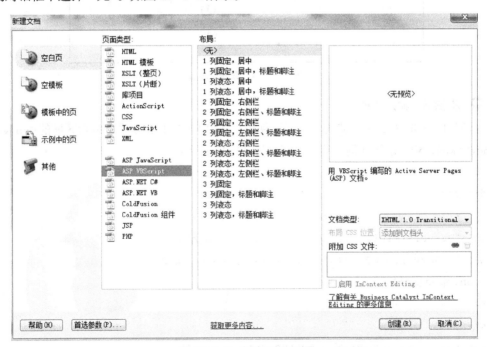

图 12-1-2 新建 ASP 网页

⇨ 步骤2 建立两个数据库表

打开 Office 办公软件包中的 Access 数据库软件，利用 Access 数据库建立两个数据库表：表1如图 12-1-3 所示，表2如图 12-1-4 所示。

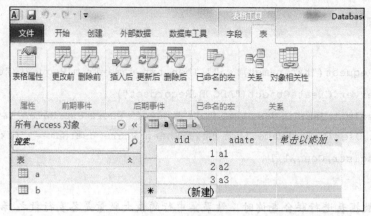

图 12-1-3　数据库表 a

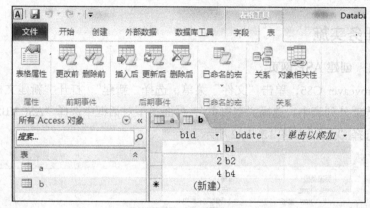

图 12-1-4　数据库表 b

◎ **步骤 3　输入代码**

在新建的 ASP 网页中，转到"代码"视图，在打开的 HTML 语言编辑区域的 <body> 与 </body> 体内，输入以下代码内容，结果如图 12-1-5 所示。

```
<%
dim conn
Set conn=Server.CreateObject("ADODB.connection")
sql="Driver={Microsoft Access Driver (*.mdb)};
DBQ=" &Server.MapPath("database/db_database.mdb")
conn.open(sql)
%>
<%
set rs=Server.createobject("ADODB.Recordset")
    sqlstr="select * from a inner join b on a.aid = b.bid"
    rs.open sqlstr,conn


    while not rs.eof
    %>
```

```
        两表 ID 相同的字段为<br>
        <%=rs("aid")%> <%=rs("adate")%> <%=rs("bdate")%>
        <%
            rs.movenext
        wend
          rs.close
     conn.close
     set conn=nothing
%>
```

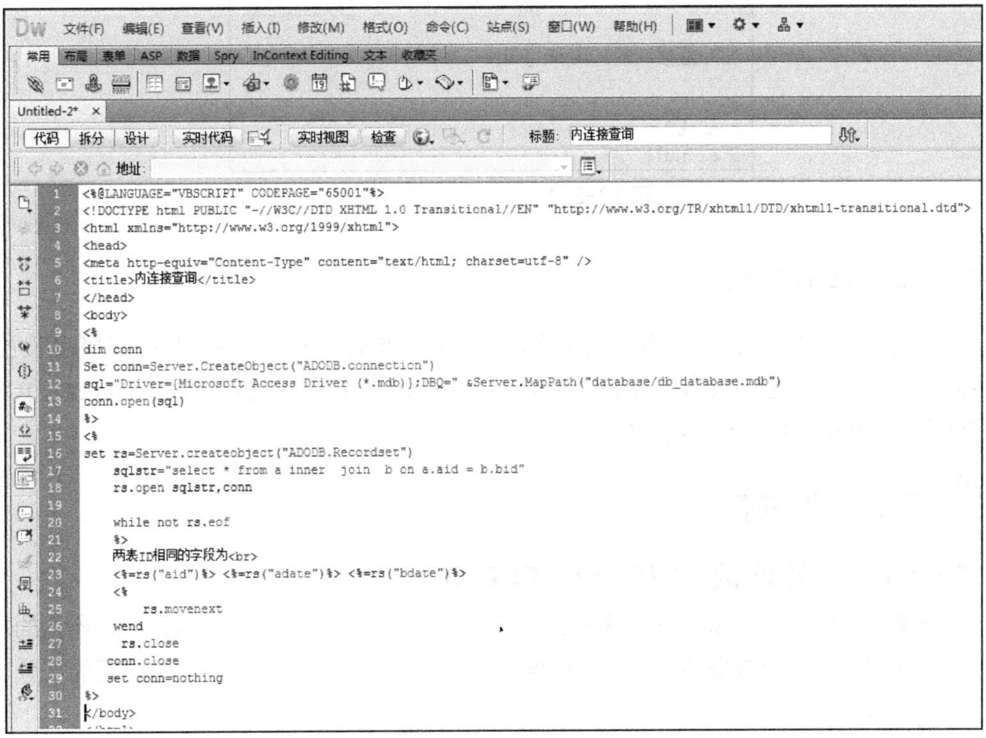

图 12-1-5 网页代码

步骤 4 测试代码

代码输入完成后，检查无误保存，按 F12 键测试，查看运行结果，如图 12-1-6 所示。

图 12-1-6 运行结果

12.2 任务二 使用外连接查询记录

 一、任务描述

使用外连接查询记录，也可以实现要求返回左侧或右侧数据集合中非匹配的数据，此方法多用于两表或多表间的对比，测试效果图如图 12-2-1 所示。

图 12-2-1 使用外连接查询记录

 二、任务分析

外连接是对内连接的扩充，除了将两个数据集合中重叠部分以内的数据行连接起来之外，还可以根据要求返回左侧或右侧数据集合中非匹配的数据，即左外连接（LEFT OUTER JOIN）和右外连接（RIGHT OUTER JOIN）。

 三、知识准备

12.2.1 左外连接 LEFT OUTER JOIN

左外连接 LEFT OUTER JOIN 逻辑运算符，除了返回两个数据表中满足连接条件的行，它还返回任何在后一个数据表中，没有匹配行的前一个数据表中的行。非匹配行的部分字段列，作为空值返回。

下面代码，是使用 LEFT OUTER JOIN 命令，在数据表"UserInfo"和"SellSheet"之间，建立左外连接，并可以根据输入的用户名称，查询所有满足条件的用户信息（即使该用户未购买图书）。其参考程序代码如下。

```
<%
If Trim(Request("txt_name"))<>"" Then txt_name=Trim(Request("txt_name"))
Set rs=Server.CreateObject("ADODB.Recordset")
sqlstr="select a.UserName,b.BookName,b.Datetm from UserInfo as a left outer join SellSheet as b on a.UserID = b.User ID where a.UserName like '%"&txt_name&"%'"
rs.open sqlstr,Conn,1,1
%>
```

12.2.2 右外连接 RIGHT OUTER JOIN

右外连接 RIGHT OUTER JOIN 是左外连接的反向连接。它除了返回两个数据表中满足连接条件的行，还返回任何在前一个数据表中，没有匹配行的后一个数据表中的行。非匹配行的部分字段列作为空值返回。

下面代码是使用 RIGHT OUTER JOIN 命令，在数据表"UserInfo"和"SellSheet"之间，建立右外连接，并可以根据输入的图书名称，查询所有的图书信息（即使该图书没有用户名称相对应）。基本的参考程序代码如下。

```
<%
If Trim(Request("txt_name"))<>"" Then txt_name=Trim(Request("txt_name"))
Set rs=Server.CreateObject("ADODB.Recordset")
sqlstr="select a.UserName,b.BookName,b.Datetm from UserInfo as a right outer join SellSheet as b on a.UserID = b.User_ID where b.BookName like '%"&txt_name&"%'"
rs.open sqlstr,Conn,1,1
%>
```

四、任务实施

步骤1　创建 ASP 网页

打开 Dreamweaver CS5，单击"文件"菜单，选择"新建"，打开"新建文档"对话框。在对话框左侧选项外列表中，选择"空白页"，页面类型对话框中选择"ASP VBScript"选项，布局对话框中选择"无"。如图 12-2-2 所示。

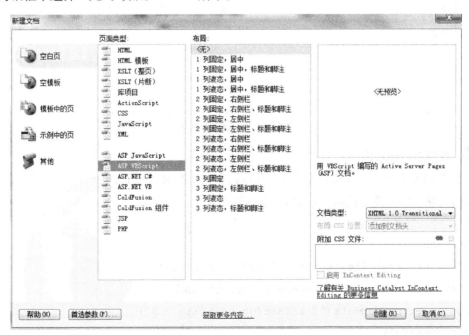

图 12-2-2　新建 ASP 网页

● 步骤2　建立两个数据库表

在 Access 数据库软件中建立两个数据库表，表 1 如图 12-2-3 所示，表 2 如图 12-2-4 所示。

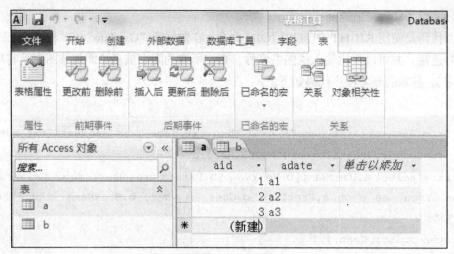

图 12-2-3　数据库表 a

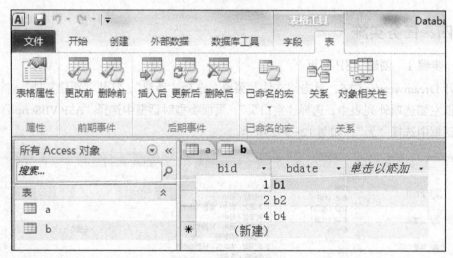

图 12-2-4　数据库表 b

● 步骤3　输入代码

在新建的 ASP 网页中，转到"代码"视图区域，在打开的 HTML 页面中的<body>与</body>结构体内，输入以下参考代码，如图 12-2-5 所示。

```
<%
dim conn
Set conn=Server.CreateObject("ADODB.connection")
sql="Driver={Microsoft Access Driver (*.mdb)};
DBQ=" &Server.MapPath("database/db_database.mdb")
conn.open(sql)
%>
```

```
<%
set rs=Server.createobject("ADODB.Recordset")
    sqlstr="select * from a left join b on a.aid = b.bid "
    rs.open sqlstr,conn

    while not rs.eof
    %>
    左外连接LEFT OUTER JOIN<br>
    <%=rs("aid")%> <%=rs("adate")%> <%=rs("bdate")%>
    <%
        rs.movenext
    wend
    rs.close
    conn.close
    set conn=nothing
%>
```

图 12-2-5　网页代码

步骤 4　测试代码

代码输入完成后，检查无误后保存，按 F12 键，查看运行结果，如图 12-2-6 所示。

图 12-2-6　运行结果

12.3　任务三　使用分页技术

一、任务描述

ASP 使用分页技术的作用，显示指定行记录，在记录集较多的时候，一般都会用到分页技术，特别是在大型的网站上面，尤为常用，分页技术的显示效果如图 12-3-1 所示。

图 12-3-1　分页技术最终效果

二、任务分析

在动态网页读取数据库中的记录时，有些记录的总数有可能有上百条、上千条，甚至是上万条，这对于一个页面的显示带来了很多不方便的地方。而 pagesize 这个属性，通过相关的技术编程，可以实现记录的分页功能。

三、知识准备

12.3.1　ASP 分布技术代码解析

ASP 中的分页程序，首先读取每页预置的记录条数。如果在此是 4 条，其他将在下页中显示。同时提示当前页数、总页数、总记录数，当显示的页数为第一页时，"首页"、"上一页"链接失效，当显示的页数为最后页时，"下一页"、"尾页"链接失效。

1. 连接数据库

为实现以上的分页效果，首先，需要在数据库中创建字段 record_info，保存在 info 表中。接下来需要创建数据库链接，并将一个记录集打开。以下这段代码是为网页添加数据库连接，连接数据库名为 data.mdb，基本的参考代码如下所示。

```
<%
Set conn=Server.CreateObject("Adodb.Connection")
connstr="PRovider=Microsoft.JET.OLEDB.4.0;Data Source="&Server.MapPath("data.mdb")
conn.open connstr
Set rs=Server.CreateObject("Adodb.Recordset")
sql="Select * from info"
rs.open sql,conn,1,1
%>
```

2．创建分页

接下来，这是分页中比较重要的部分，主要是为了创建分页，基本参考代码如下。

```
<%
rs.pagesize=4
curpage=Request.QueryString("curpage")
if curpage="" then curpage=1
rs.absolutepage=curpage
%>
```

其中，代码的第二句"rs.pagesize=4"，这是什么意思呢？

它就是在 Recordset 对象中的一个内置属性，它的作用是指定每页的记录条数，设置为 4 时，每 4 条记录放在一起成一页，比如实例中共有 21 条记录，那么，使用 rs.pagesize 分页后，这 21 条记录将分成 5 页进行显示。

此外，代码中的第三、四句，这里主要是用于翻页的功能，将 URL 的 post 参数 curpage 传递给 curpage 变量，这个 curpage 将得到浏览者想要到达的页数，同时用 if 语句将没有传递到 curpage 参数的页直接赋于第一页的值。

代码中的第五句"rs.absolutepage"，这也是个内置的属性，它代表的意思就是将 curpage 变量的数值指定为当前页。

3．分页记录循环

完成以上操作后，现在可以开始让记录循环显示操作，以下为基本参考代码。

```
<%
for i= 1 to rs.pagesize
if rs.eof then
exit for
end if
%>
<%=rs("record_info")%><br>
<%
```

```
rs.movenext
next
%>
```

其中：

- 代码中的第二句"for i= 1 to rs.pagesize"，是利用 for 循环，在每页显示 rs.pagesize 属性中指定的记录数。
- 代码中的第三、四、五句，这三行代码的基本意思是，当最后一页，达不到指定记录时，就退出循环，以免出错。
- 代码中的第七句"<%=rs("record_info")%>
"，主要绑定从数据库取出的 record_info 字段，就是叫这字段内的记录循环显示内容。
- 代码中的第九句，是使用"rs.movenext"方法，将 rs 记录集往下移一条记录。
- 最后第十句为 for 循环结束语句。

4．分页链接

另外，还可以用<%=curpage%>读出当前页次，用<%=rs.pagecount%>读出总页数，用<%=rs.recordcount%>读出总记录数。如下代码所示。

"当前第 <%=curpage%> 页，共有 <%=rs.pagecount%> 页，共有：<%=rs.recordcount%> 条记录"

在显示首页、上页、下页、尾页功能上，采用了 if…else…语句，比较好懂。
以下代码显示了基本的参考内容。

```
<%if curpage=1 then%>
```

- 首页。

```
<%else%>
<a href="?curpage=1">首页</a>
<%end if%>
<%if curpage=1 then%>
```

- 上一页。

```
<%else%>
<a href="?curpage=<%=curpage-1%>">上一页</a>
<%end if%>
<%if rs.pagecount<curpage+1 then%>
```

- 下一页。

```
<%else%>
<a href="?curpage=<%=curpage+1%>">下一页</a>
<%end if%>
```

```
<%if rs.pagecount<curpage+1 then%>
```

● 尾页。

```
<%else%>
<a href="?curpage=<%=rs.pagecount%>">尾页</a>
<%end if%>
```

首页：这个使用当前页是否为第一页时判别，如果当前为第一页（也就是首页），那么显示首页两字，没有链接，否则提供直接跳转到首页的链接。

上一页：当前为第一页时，链接失效，反过来，链接到当前页的上一页，这里使用"<%=curpage-1%>"，就是用当前的页数减去 1，得到上一页。

下一页：这里需要使用"rs.pagecount"这个属性来比较，假如总页数小于当前页数加 1 的值，那表明这就是第后一页，链接将失效，否则链接到下一页。

尾页：和下一页的功能一样，判定出是最后页时链接失效，否则将当前页指定为"rs.pagecount(总页数)"。

12.3.2 建立 Access 数据库

1．创建数据库

打开 Microsoft Access 数据库，新建一个 Access 数据库，如图 12-3-2 所示。

图 12-3-2　Access 数据库软件

2．保存名称

在打开的软件界面上，右击左侧"表 1"，选择"设计视图"，在跳出的保存数据库表对话框中，输入数据库表名后确定，如图 12-3-3 所示。

图 12-3-3　保存数据库表

3．设计字段名称和数据类型

在设计视图中，输入"字段名称"和"数据类型"，如图 12-3-4 所示。

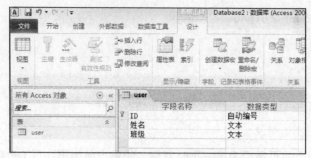

图 12-3-4　数据库表设计字段和数据类型

4．输入数据

按 Access 数据库软件的左上角保存按钮 后，打开设计的数据表，并在相应的字段名中输入数据备用，数据自己定义即可，如图 12-3-5 所示。

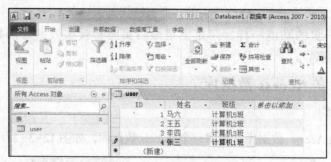

图 12-3-5　输入相应数据

四、任务实施

➲ 步骤 1　新建 Adobe Dreamweaver 页面

双击桌面上的 Dreamweaver 图标，运行 Dreamweaver，如上同样的步骤，在 Dreamweaver 中新建 ASP VBScript 页面，如图 12-3-6 所示。

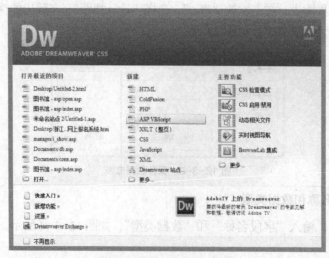

图 12-3-6　新建 ASP 网页

● **步骤 2 输入代码**

在新建的 ASP 网页中,转到"代码"视图区域,在打开的 HTML 页面中的<body>与</body>结构体内,输入以下参考代码,如图 12-3-7 所示。

```asp
<%
Set conn = Server.CreateObject("ADODB.Connection")
strcon="provider=microsoft.jet.oledb.4.0;data source="& _
server.mappath("mdb.mdb")
conn.Open strcon
Set rs = Server.CreateObject ("ADODB.Recordset")
sql="select * from table order by id desc"
rs.Open sql, conn, 1
page=1      '设置变量 PAGE=1
rs.PageSize = 4  '每页显示记录数
if Not IsEmpty(Request("Page")) then  '如果 PAGE 已经初始化...
Page = CInt(Request("Page"))  '接收 PAGE 并化为数字型赋给 PAGE 变量
    if Page > rs.PageCount then  '如果接收的页数大于总页数
        rs.AbsolutePage = rs.PageCount  '设置当前显示页等于最后页

    elseif Page <= 0 then  '如果 page 小于等于 0
        Page = 1  '设置 PAGE 等于第一页
    else
        rs.AbsolutePage = Page  '如果大于零,显示当前页等于接收的页数
    end if
End if
Page = rs.AbsolutePage
For i = 1 to rs.PageSize
if rs.EOF then
Exit For
end if  '利用 for next 循环依次读出记录
%>
<% =rs("ID") %> <% =rs("用户名") %> <% =rs("班级") %><br /></td>
<%
rs.MoveNext
next
%>
<%if request("page")>1 then%>
<a Href="test.asp?Page=<% = 1%>">首页</a>
<a Href="test.asp?Page=<% =request("page") -1 %>">上一页</a>
```

```
<%end if %>
<%if request("page")<>rs.pagecount then %>
<a Href="test.asp?Page=<% =request("page") + 1%>">下一页</a>
<a Href="test.asp?Page=<% = rs.PageCount%>">尾页</a>
<% end if %>
```

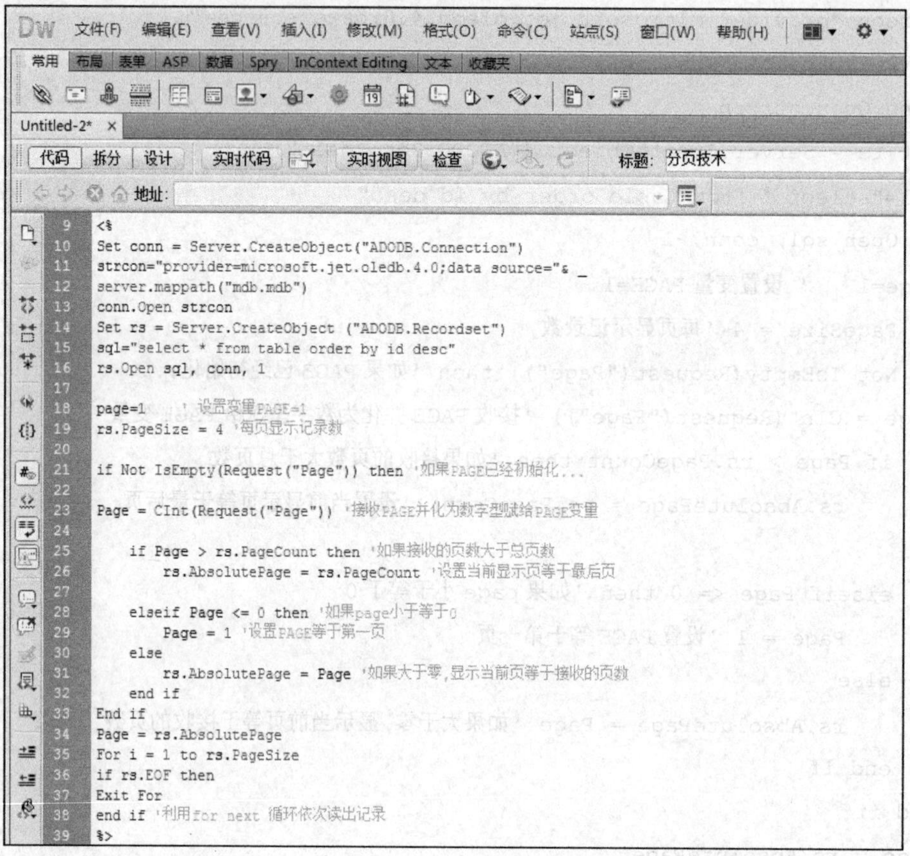

文件(F) 编辑(E) 查看(V) 插入(I) 修改(M) 格式(O) 命令(C) 站点(S) 窗口(W) 帮助(H)
常用 布局 表单 ASP 数据 Spry InContext Editing 文本 收藏夹
Untitled-2*
代码 拆分 设计 实时代码 实时视图 检查 标题: 分页技术
地址:
<%
Set conn = Server.CreateObject("ADODB.Connection")
strcon="provider=microsoft.jet.oledb.4.0;data source="& _
server.mappath("mdb.mdb")
conn.Open strcon
Set rs = Server.CreateObject ("ADODB.Recordset")
sql="select * from table order by id desc"
rs.Open sql, conn, 1
page=1 '设置变量PAGE=1
rs.PageSize = 4 '每页显示记录数
if Not IsEmpty(Request("Page")) then '如果PAGE已经初始化...
Page = CInt(Request("Page")) '接收PAGE并化为数字型赋给PAGE变量
if Page > rs.PageCount then '如果接收的页数大于总页数
rs.AbsolutePage = rs.PageCount '设置当前显示页等于最后页
elseif Page <= 0 then '如果page小于等于0
Page = 1 '设置PAGE等于第一页
else
rs.AbsolutePage = Page '如果大于零,显示当前页等于接收的页数
end if
End if
Page = rs.AbsolutePage
For i = 1 to rs.PageSize
if rs.EOF then
Exit For
end if '利用for next 循环依次读出记录
%>

图 12-3-7 网页代码

➲ 步骤 3 测试代码

输入完成以上代码内容后，检查无误，保存，按 F12 键查看运行结果，如图 12-3-8 所示。

360安全浏览器 6.3
http://localhost/
分页技术
1 马六 计算机5班
2 王五 计算机2班
3 李四 计算机3班
4 张三 计算机1班
首页 上一页 下一页 尾页

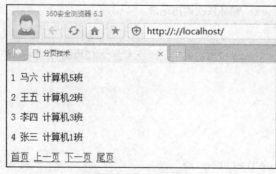

图 12-3-8 运行结果